建筑设计与景观艺术研究

王黔红 / 著

西安出版社

图书在版编目(CIP)数据

建筑设计与景观艺术研究 / 王黔红著. — 西安：
西安出版社, 2020.5
ISBN 978-7-5541-4563-0

Ⅰ. ①建… Ⅱ. ①王… Ⅲ. ①建筑设计 - 研究②景观
设计 - 研究 Ⅳ. ①TU2②TU986.2

中国版本图书馆 CIP 数据核字(2020)第 070072 号

建筑设计与景观艺术研究

JIANZHU SHEJI YU JINGGUAN YISHU YANJIU

著　　者 王黔红
出版发行 西安出版社
社　　址 西安市曲江新区雁南五路 1868 号影视演艺大厦 11 层
电　　话 (029)85253740
邮政编码 710061
印　　刷 河北朗祥印刷有限公司
开　　本 787mm × 1092mm　1/16
印　　张 8.5
字　　数 150 千字
版　　次 2020 年 5 月第 1 版
印　　次 2024 年 5 月第 1 次印刷
书　　号 ISBN 978-7-5541-4563-0
定　　价 40.00 元

前言 PREFACE

在步入21世纪后，中国的社会进步与市场经济的建设均获得了突出的成绩，建筑行业这个在我国国民经济的增长中占有着重要作用的领域，日益引起我们的关注。今天，随着经济信息化发展的逐步推进以及城镇化建设的进一步开展，我们对建筑行业的建筑设计也提出了新的需求。

在现代建筑学中，城市景观设计作为一个至关重要的组成部分，它既与建筑不可分割，对城市建设工作的开展作用巨大，同时又对城市化建设效率的提高具有关键性的意义。艺术随着时代的变更、发展的同时，也在传承中不断探索前进。科学的发展日新月异，景观艺术手法也在不断探索和变革，在景观设计的发展中呈现出理性的一面。景观在当今城市中早已成为人类精神生活的栖息地，景观的发展对人们的生活也产生了重要的影响，对景观艺术的研究有益于景观的发展，有益于提高人们的生活水平。

景观艺术在时代的洪流中通过理性思维的判断及实践的检验逐步前进，理性景观设计研究更有助于景观设计师和参与者对景观艺术进行深入探索和研究，从而对景观设计的深远发展增加指导意义。一座让人觉得环境优美的城市，是城市规划师、建筑设计师以及园林景观设计师共同努力创造出来的结果。在现代建筑中，只有实现建筑设计与景观设计的完美结合，城市建设才能体现真正的美感，丰富城市建设的内涵，赋予城市艺术性，实现城市环境与人的生活的和谐共存，共同建设现代城市氛围。

在时代更替的过程中，人们的思想观念也在发生着潜移默化的改变，对建筑物建筑设计的需求也会随着建筑业的不断繁荣而提出新的要求。近年来，在建筑设计中融入景观设计已经成为城市化建设的主流。作为美化城市的重要途径，城市建筑景观中的环境艺术设计是十分重要的，同时它也是城市建筑景观的终极目标。要将当地的环境特色、文化特色与设计相结合，通过综合性的设计与考虑，更好地为城市建筑景观设计创造有意义的成果。

目录
CONTENTS

第一章　建筑设计与景观艺术概述

第一节 建筑设计概述

建筑设计是建筑学专业的必修课程，它是建筑设计学的启蒙课程，主要任务是将学生带入建筑设计的领域，并使其具备一定的设计技能。因此，学习这门课程，不仅要了解建筑设计的基本概念，也要掌握相应的基本技能与方法。

一、建筑相关概念

（一）建筑的词义

说起建筑，一般人就会说是“房子”。当我们说自己是建筑学专业时，亲戚、朋友、同学与我们谈论时就可能说是“盖房子的”。这不能说全错，但也不是全对，因为我们参与的并不是“盖房子”，而是在其过程中的一个部分——设计与规划。

也有一部分人会说，我们是描绘外观的，因为他们了解学习建筑需要有一定的美术基础，但这也不是建筑的全部，更不要说是建筑的本质了。法国哲学家狄德罗说过一句话：“人们所谈论得最多的东西，每每注定是人们知道的很少的东西。”而建筑学就是其中之一。在了解建筑学之前我们可以先理解两个英文单词的词义，一是“architecture”，另一是“building”，前者是建筑学，后者是建筑物。我们通常讲的建筑，特别是专业上讲的建筑,实际上是建筑学(architecture)。[①]

(二)建筑观

建筑作为一种实践活动,贯穿了人类的整个历史。但是建筑作为一门学科单独存在的时间却不超过两个世纪。它是一个古老而又年轻的新兴学科。这个学科从它诞生起就一直受到自然与社会的挑战。

从古至今对建筑的认识可以分为三个时期:第一,早期是以美学为基础的古典建筑观。人们认为建筑是艺术和技术的结合,并把艺术放在首位,甚至认为建筑就是一门艺术。第二,现代建筑观。随着工业革命的开始,人们对建筑的认识有了进一步的理解,并且提出了很多新的需求,即新的功能,又产生了许多新的技术手段。在当时的工业社会中,所有产品都经过机械加工,按照一个标准化的生产过程,除去不必要的装饰,以产品功能为首要目标,并因此而产生一种独特的机械美和机能美,因此产生了现代建筑观。从20世纪20年代开始,这种现代建筑观逐渐传遍全世界。第三,随着工业文明的发展,自然环境遭到破坏,人类的生活环境受到污染,人们开始意识到保护环境与生态的重要性,因此提出了以生态环境为基础的生态建筑。

(三)建筑的起源

建筑的产生,是为了满足人们生产生活上的需求,例如躲避恶劣的气候环境或者防御猛兽。通过对石块、泥土、树枝等自然元素的运用,建造庇护场所。

随着社会的不断发展,逐渐产生了国家与阶级,人们的活动变得日益丰富与复杂,逐渐出现了宗教、祭祀等公共活动,随之产生了各种建筑类型,如古代中国的宫殿、西方的剧场等。

(四)建筑的特性

建筑的目的在于为人们各种类型的活动提供相应的环境。人们对建筑有着功能与审美的要求,也就是要求建筑具备实际功能的同时,还要尽可能地美观。建筑和艺术相互关联,但又并非纯粹的艺术,它还具

①邵甬. 法国建筑[M]. 上海:同济大学出版社,2010.

有很强的实用性。建筑的发展不仅受到艺术的影响,同时也受到时代、社会与文化的影响。

(五)建筑的类型

随着社会的发展,人们的生活需求日益丰富,因此产生了各种不同功能类型的建筑物。按照不同的使用功能将其分为三大类:农业建筑、工业建筑与民用建筑。如表1-1所示。

表1-1 建筑类型与内容

建筑类型	内容
农业建筑	养殖场、食品加工厂等
工业建筑	机械工业建筑、化学工业建筑、冶金工业建筑、建材工业建筑、电力工业建筑、纺织工业建筑、食品工业建筑等
民用建筑	公共建筑:办公建筑、商业建筑、医疗建筑、通信建筑、教育建筑等
	居住建筑:宿舍、住宅、别墅等

建筑的三要素是:功能、技术、美观。其中最主要的就是功能,人们建造房屋的主要目的是满足生活需求,因此满足基本的功能要求已经成为评判建筑作品好坏的前提。技术是指建造方法,包括建筑构造、材料、施工等各种技术因素。美观是人们对建筑的审美需求,即建筑的风格造型、空间细部、光影等形成的能够满足人们审美的艺术效果。

二、建筑设计概述

(一)建筑设计的概念

建筑设计是一种创造性活动,指为了满足建筑物的使用功能和艺术要求,根据城市规划的指导、建设任务的要求、工程技术的条件以及经济条件多方面的因素,在建造设计被实施之前,通过对建筑物的功能、空间、细部、造型、施工等方面,做出全面筹划和设想,并以图纸和模型等形式表达出来的完整过程。

建筑设计包括了所有成型建筑物的相关设计,包括建筑方案设计、初步设计、建筑施工图设计、建筑结构设计、建筑电气设计,以及包括声学、光学、热学设计在内的建筑物理设计和排水设计、供暖通风、空调设计在内的建筑设备设计等。

(二)建筑设计程序

建筑设计程序是指在建筑设计活动中从最初的设计概念向设计目标逐渐发展的过程。中国现行的建筑设计程序大致分为四个阶段,分别为前期准备、方案设计、初步设计以及施工图设计。

前期准备通过研究设计依据,收集原始资料,现场踏勘以及调查研究的方式进行。可产出的主要工作成果包括可行性研究报告,由规划局发布的《建设用地规划许可证》,对有关政策法令、规范、标准的内容,施工地点的相关气象资料、地质条件、地理环境等自然因素的内容,市政设施的情况,建设单位的使用要求及设计要求,以及设计合同。通过前期准备的产出物对下一步方案设计的规划做准备。方案设计是建筑设计程序中的关键环节,将建筑师的设计理念利用图纸的形式表达出来,起到开创性和指导性的作用,其内容包括设计稿件以及建设项目投资估算。

(三)建筑设计的特征

根据建筑设计的性质,其特征可分为以下四点。

1.创造性

建筑设计是一种以技术为主的创造活动。建筑需要具备实用功能,而实现这一功能则需要一定的技术手段。同时建筑设计也是人们日常生活中接触的视觉艺术的一种。建筑设计源自于生活,而创造性是设计活动的主要特点,其核心内容就是审美和艺术的表达,甚至可以说在某种程度上超过了功能的使用。

2.协作性

建筑设计是典型的团队合作活动。当今社会的建筑规模日益扩大,功能逐渐趋于综合性与多样性。随着科学技术的发展,建筑分工逐渐细化,建筑设计形成了一种团队协作的方式,建筑师在设计活动中必须与其他专业的工程师密切配合才能顺利地完成设计工作。

3.生活性

建筑设计是追求平衡协调的生活性活动。建筑设计的水平首先取决于建筑师的个人因素,如生活背景、审美爱好、思想与价值取向等,这些都会对建筑设计造成影响。同时,客户的性格、爱好也是影响建筑设计的另一个因素。因此我们说建筑设计是生活性的活动,建筑师必须协调各方面矛盾,找到社会经济与个性创作的平衡点,满足多元化的要求。

4.综合性

建筑设计是一门综合性的学科。建筑设计涉及多个学科的知识,是多种学科的综合应用。因此要求建筑师既要具备艺术文化、心理哲学的人文修养,同时也要具备材料构造、建筑物理等技术知识。

(四)建筑设计的范畴

通过科学的不断发展,建筑设计领域与其他各种科学技术的结合愈发广泛深入,其中可能涉及建筑学、结构学、供排水、电气、燃气、防火、自动化控制管理、工程预算、园林绿化等多种方面的知识,这就需要各方面的科学技术人员的共同协作。建筑师除了对建筑学专业性的要求之外,还要善于处理各种设计与各个技术工种间的协作问题。

(五)建筑设计的工作核心

建筑师在进行建筑设计时面临的矛盾与冲突是十分广泛的,包括但不限于内容和形式、需要和可能间的矛盾。所以说,解决各种矛盾与冲突的工作就是建筑设计的核心工作。通过长期的实践,将建筑设计者的设计意图,通过图纸、建筑模型等模式具体地表达出来。这种形式的处理方式可以将一些隐藏的矛盾暴露出来。此外,还可以通过方案比较的方法对建筑设计进行优化。

建筑设计同时需要具有预见性的眼光。随着设计进程的开展,建筑设计的问题逐步清晰化、深化,为了更好地完善建筑设计的整体规划,取得良好的效果,在产生的矛盾和冲突中,处理的先后顺序以及主次要有一个预见性的计划。根据长期实践得出的经验来看,从整体到局部、从框架到细节、从功能体型到具体构造等方面,都需要步步深入探讨和设计。

(六)建筑设计的发展历程

随着时代的进步,社会分工在不断具体化,这就使得建筑设计和建筑施工被区分开来,自成一科,包罗的内容、涉及的相关学科、材料和技术层面的进步等方面都在不停地更新迭代,单纯老旧的传承方式和经验积累的方式已不能适应现代社会的需求。再加上现实工程量的压力,这就促使建筑设计逐渐形成一个独立的分支学科。

(七)当代建筑设计趋势

当今社会的建筑创作并没有绝对的主流,而是呈现出一种多元化的发展格局,各种新颖的设计理念层出不穷。其中人性化与感情化、信息化与智能化、民族性、综合性、可持续发展是当今建筑设计发展的新趋势。

1.人性化与感情化

当代社会,人们不再满足于物质丰富的要求,而是迫切地表现出对密集生活领域的回避和对舒适健康生活环境的追求。而人性化的设计理念就是力图实现人与建筑的和谐共存,强调建筑对人类生理层次的关怀——让人具有舒适感,也强调了建筑对人类心理层次的关怀——让人具有亲切感。"以人为本"实际上就是从人的行为方式出发,体谅人的情感,实现人类对自身满足感的追求。人性化的理念贯穿于建筑的设计过程以及使用过程之中,包括建筑外部空间环境的愉悦性与舒适性,还包括建筑内部的开放性,在空间设计中表达出对特殊群体(如行动不便者、老人、孕妇、儿童等)的人性化关怀。

2.信息化与智能化

随着新技术的推广与发展,人类产生了新的生活方式、思维模式与价值观念。现代通信技术的成熟和网络技术的普及使得人们的交往和工作都可以在网络上进行。人们通过网络体验的不仅是对现实的模拟与反映,还是一种全新的、独特的、无形的现实。信息化和智能化完全改变了传统的工作模式，建筑与信息技术的结合成为必然趋势。

3. 民族性

在信息技术的井喷式发展的背景之下，各个国家的文化交流愈发频繁，各地区特有的民族文化与特色正逐渐趋同，这使得人们开始意识到保护文化多样性的重要性与迫切性。通过创造具有地方特色的城市和建筑的方式，让人们感受到地方特色民族主义文化的魅力，这会对于人们获得归属感和荣誉感产生积极的影响。

4. 综合性

城市是一个具有增长性的复杂系统。如今在城市中已经很少能见到单一功能的建筑了，大多数城市广场与街道空间均具有综合性的功能。仅从建筑功能上来看，当前的趋势是向多元综合功能方向发展，即将原来分散的建筑功能集中于一个混合型建筑，由此出现了越来越多的大型、巨型城市综合体。

5. 可持续发展

在强调可持续发展的当代社会，生态化与可持续发展的相结合，对环境及资源的高效利用都是重点关注的内容。通过减少对自然界的索取与破坏，提高对材料的选择，研究能量的开发与利用等方式，实现可持续发展的时代性要求。

第二节 景观设计概述

设计是为了满足一定的目的和功能，把形（点、线、面、体）、色彩、质感等视觉要素组织化，使之形成美的形态；同时要考虑材料、技术等方面的限制；在设计的风格上要考虑到传统与时尚的问题。景观设计通过特殊固有的表现方法，将建筑设计师的意图变成可观的形式，设计图中每一条线、每一个点都是设计师脑中概念的近似转换。

一、景观与景观设计

（一）景观

“景观”一词最早出现在希伯来文本的《圣经》旧约全书中，是对梭罗门皇城（耶路撒冷）瑰丽景色的描写。大约到了19世纪，景观又被引入地理学科中。中国辞书对“景观”的定义也反映了这一点，如《辞海》中的“景观”“景观图”“景观学”的词语出现，景观在此被定义成“自然地理学的分支，主要研究景观形态、结构、景观中地理过程的相互联系，阐明景观发展规律、人类对它的影响及其经济利用的可能性”。这也就是“景观”这个词被广泛应用于地理学、生态学等许多领域的原因。

在不同的景观研究领域，人们所研究的侧重点会有所区别。实际上，景观的英语表达是“landscape”，由“大地”和“景象”两部分组成。在西方人的视野中，景观是由呈现在物质形态的大地之上的空间和物体所形成的景象集成，这些景象有的是没有经过人为加工而自然形成的，如自然的土地、山体、水体、植物、动物，以及光线、气候条件等。由自然要素所集成的景象被称为自然景观；另外的景象是人类根据自身的不同需要对土地进行了不同程度的加工、利用后形成的，如农田、水库、道路、村落、城市等，经过人类活动作用于土地之后所集成的景象被称为人工景观。①

景观具有包括周围条件（自然环境）、功能（人为痕迹）、构造（结构与材料）在内的空间环境属性，以及涵盖艺术性（表现形式）、感觉性（声、光、味、触）、时间性（季节、昼夜）、文化内涵（民族特征）等内容的视觉特征。

（二）景观学与景观设计及其专业内涵

景观学，国际上称为景观建筑学。奥姆斯特德第一个提出“Landscape Architecture”的理念，1900年哈佛大学第一个成立景观学专业，奠定了景观学、城市规划、建筑学在设计领域三足鼎立的局面。美国景观建筑师协会对景观学有如下定义：综合运用科学和艺术的原则去研究、

①顾大庆，柏庭卫．空间、建构与设计[M]．北京：中国建筑工业出版社，2011.

规划、设计和管理修建环境和自然环境。基于对自然资源的管理和保护的态度,在目标地上运用科学技术手段、人文文化特征来规划安排各种要素,满足人们各方面的要求。

在我国,对景观学的定义是:"关于景观的分析、规划布局、设计、改造、管理、保护和恢复的科学和艺术""以协调人类与自然的和谐关系为目标,以环境、生态、地理、农林、心理、社会等广泛的自然科学和人文艺术学科为基础,以规划设计为核心,面向人类聚居环境创造建设与保护管理的工程应用性学科专业"。景观还是一个不断拓展的领域,它既是一门艺术也是科学,并成为连接科学与艺术,沟通自然与文化的桥梁。

景观设计的专业内涵有以下几个要点:①研究的是为人类创造更健康、更愉悦的室外空间环境;②研究对象是与土地相关的自然景观和人工景观;③研究内容包括对自然景观元素和人工景观元素的改造、规划、设计、管理等;④学科性质是一门交叉性学科,包括了地理学、设计艺术学、社会学、行为心理学、哲学、现象学等范畴;⑤从业人员必须综合利用各学科知识,考虑建筑物与其周围的地形、地貌、道路、种植等环境的关系,必须了解气候、土壤、植物、水体和建筑材料对创造一个自然和人工环境融合的景观的影响;⑥其涉及领域是广泛的,但并不是万能的,从业人员只能从自己的专业角度对相关项目提出意见和建议。正如西蒙兹所说:"景观设计师的终生目标和工作就是帮助人类,使人、建筑物、社区、城市以及他们的生活同生活的地球和谐共处。"

景观设计的专业内涵包括景观形态、景观生态以及景观文化三个层次的内容。景观形态是由地形地貌、植被等自然景观要素以及人工建筑物组成的一种外在显现形式,是通过视觉刺激感知景观的主要途径,通过美学与审美需求的结合,使之合乎人们的审美标准及需求,带给人精神上的愉悦。

景观生态是指景观学与生态环境的融合,它对于人们的生活品质的提高,以及环境安全性都有较高的重要性。科学性地综合利用自然资源,促进环境整体协调,保持有序的生态平衡。

而在景观文化层面，不仅包括历史文化底蕴、地域性的艺术审美倾向，也将文化背景、行为心理带来的审美需求包含在内。基于视觉感知的景观形态绝不仅仅是简单的“看上去很美”，其景观的可行、可看、可居往往与各种文化背景有着广泛的联系。因此，景观要想真正成为人类憩居的理想场所，还必须在文化层面进行深入思考。

二、景观设计与相关学科的关系

（一）涉及的相关学科

景观设计涉及的学科内容相当广泛，正如美国城市规划专家凯文·林奇曾经说：“你要成为一个真正合格的景观和城市的设计师，必须学完270门课。”包括但不限于建筑学、城市规划、环境学、地理学、生态学、工程学、社会学、行为心理学等不同学科领域，涵盖了城市建设过程的物质形态和精神文化领域。

（二）景观设计学与城市规划、建筑学的关系

景观设计学与城市规划、建筑学三者间具有一定的共同特征，例如：具有统一的目标性，涵盖自然生态层面的环境的舒适度追求，建立在保护自然与文化资源之上的土地利用与开发，具有在科学与艺术创造的基础性要求，以及工程学的基础要求的特征。

景观学和建筑学、城市规划所涉及的内容、范围和尺度不同。建筑学研究的是尺度比例为1∶1～1∶500的具体建筑设计内容；城市规划研究的是尺度比例为1∶500～1∶10000的修建性详细规划、控制性详细规划、总体规划、区域规划等内容；景观学研究的尺度比例为1∶1～1∶10000。

景观规划与城市规划都需要对建筑学有一定的了解，同时为了创造出富有创意性和彰显特性的景观设计理念，对设计者景观知识修养的要求也不可忽视。景观设计要从选址、规划、设计到建筑设计等对景观设计理念有所体现，这样才能最大限度地发挥景观设计的作用，取得最佳美学感受。

三、景观设计原理

(一)景观设计空间原理

良好的景观空间环境,应当是包含空间尺度、空间围合,以及与自然的有机联系等层面。空间的存在是为了满足功能性和视觉性的需求,通过形、色、光的形式反映空间形态,最终达到对比例尺度、阴影轮廓、差异对比、协调统一、韵律结构等的表达。景观空间原理中包含以下几个层面。

1.空间要素

景观的空间要素主要分为基面要素、竖直要素、设施要素三大方面:①基面要素是指参与构成环境底界面要素,包括城市道路、步行道、广场、停车场、绿地、水面、池塘等;②竖直要素是指构成空间围合的要素,如建筑物、连廊、围墙,成行的树木、绿篱、水幕等;③设施要素是指景观环境中具有各种不同功能的景观设施小品,如提供休息、娱乐的座椅、花架,提供信息的标志牌、方向标,此外还有提供通信、照明、管理等服务的各类设施小品。

2.空间尺度

从规划设计的角度来看,景观设计可以分成区域尺度(100km×100km)、社区尺度(10km×10km)、邻近尺度(1000m×1000m)、场所尺度(100m×100m)、空间尺度(10m×10m)、细部尺度(1m×1m)6个尺度。从社会距离来讲,分为亲密距离(0m~0.45m)、个体距离(0.45m~1.3m)、社交距离(1.3m~3.75m)、公共距离(3.75m以上)。从个人角度出发,人体本身的尺度和活动受限于一定的范围。美国有关机构对人的活动空间做过调查,步行是参与景观的重要方式,步行距离根据目的、天气状况、文化差异而定,大多数人能接受的步行距离不超过500m,视觉尺度也是景观设计重要的参考因素。

3.空间围合

我们以空间的高宽比来描述空间围合程度,一般从1:1至1:4,不同比例下会产生不同的视觉效果。其实,景观空间的围合程度反映了从景观空间的中心欣赏周围边界及其建筑的感受程度。空间感、领域感的形成，是精心组织空间和周围环境边界的结果。空间围合有很多种方式。不同高度的景墙对空间、视线与功能会有不同的作用。在对空间的需求中，人们的生理实用性较容易得到满足。

4.空间序列

任何艺术形式都具有其特有的序列，如文学、音乐、戏剧等。例如，音乐形象是在声音系列运动中呈现出来的，用有组织的音乐形象来表达人的情感，通过对声音的有目的的选择和组织，以及对节奏、速度、力度等因素的控制，组成曲式，构成创造音乐形象的物质材料。

（二）景观设计视觉原理

视觉是人类对外界最重要的感知方式，人类通过视觉获得外界信息。一般认为正常人75%～80%的信息是通过视觉获得的，同时90%的行为是由视觉引起的，可见在对景观的认识过程中，视觉比听觉、嗅觉、触觉等发挥着更大的作用。这种作用受到视距、视野以及视差的影响。

丹麦建筑师杨·盖尔提出，随着视距的缩短，人们可以从只能分辨出人群、个人到确认一个人的年龄、性别等个人特征，再到看清面部特征等细节信息，到看清人的表情和感受人的心情。

视野是脑袋和眼睛固定时，人眼能观察到的范围。观赏景观时，眼睛在水平方向上能观察到120°的范围，清晰范围大约是45°；在垂直方向能观察到130°的范围，清晰范围也是45°。在景观环境的整体设计中，应主次有别，主要的空间亦可以看见其他为人们参观、交往提供场所的小环境，同时，为人的活动与行为给予引导。

人的视觉系统总要用一定时间才能识别图像元素，科学实验证明，人眼在某个视像消失后，仍可使该物像在视网膜上滞留0.1～0.4s。而一个画面在人脑中形成印象则需要2～3s。这个原理可以运用在乘车观赏的沿路景观设计中。若以每小时60km的车速行进，每2～3s行进30m～50m，这就要求沿路建筑或绿化植物的一个构图单元要超过50m长度才能给人留下印象。事实也是如此，很多城市高速公路连接线两侧的植物景观单元长度一般都超过50m。

人的感受器官,包括眼、耳、鼻、舌等多种感觉器官,所以对于景观的感受往往也是多因素综合影响的结果。视觉意义上的空间,其空间形象、小品、雕塑等会吸引人们的目光,带来某种心理感受。同时环境中奇异的造型、鲜艳的色彩、强烈的光影效果都会吸引人们去注意。

四、景观设计程序

在景观设计的具体项目中,每一个项目都有一个由浅及深、去粗取精、不断完善的过程。设计师从对目的地的前期调查起步,通过对目标地的自然环境、历史文化环境以及视觉环境的调研,结合项目具体要求,明确功能定位,合理选择设计途径,引入不同的价值标准,考虑不同利益群体的意见,最终形成合理的设计方案。

第三节 景观建筑设计的艺术内涵

景观建筑设计的艺术内涵存在于人类社会的发展过程中,随着变迁表现出多层次的标志性,要深入研究,就需要系统整理景观设计的艺术过程。第一,历史脉络是景观生存和延续的土壤。景观在其中萌发,在其滋养下成长。这些都是对景观设计的认识和理解,并从艺术的角度对其进行研究的基础和理论依据。第二,一切艺术形式都是连续的过程。无论岁月如何流逝,艺术创造都必须以以前的成果为基础。这种对历史的尊重,不仅是因为它具有重要的学术价值,还因为它可以解释至今仍具有生命力的景观艺术。因此,现代景观设计的发展无疑都蕴含着历史的脉络,并持续受到影响。这种历史艺术蕴藏在景观变化的表象下,时而惯性地延续前人的痕迹,时而辩证地回顾,向前发展。

一、景观建筑设计的艺术基因

随着人类开始有了描绘自己环境的意识,艺术就应运而生了。艺术的起源最早可追溯到原始岩刻、壁画，用粗糙的漆和雕刻描绘当时的群居狩猎场面。在此后漫长的历史发展中，人类的艺术逐渐提炼为反映各种理念和审美模式的优美追求。在黑格尔美学中，把建筑等具有功能性和象征性意义的空间实体纳入了艺术范畴。景观如此具有形式和功能的特征，构成了以各种象征，感情表达和意义符号化的空间词汇体系，形成了丰富的艺术表现力。①

从字面意思上来理解，艺术具有技术和技巧性。景观艺术作品的出现也是出于功用的需要，可以追溯到距今约15000年前的洞穴壁画，那些用天然泥土的颜色和线条所构成的图像。法国艺术评论家艾黎·福尔认为，这些动物图像的产生是为了满足人类的狩猎欲望。

随着人类文明的发展，艺术最初的功用性被加以延续和转化，在已能满足基本生存的同时，人类对于艺术有了新的需求——对现世生活世界的描述和对来世、未知世界的探寻。

第一，纯粹几何形（方形、圆形、矩形……）成为大多数园林平面构图的母题，在恢宏的陵墓建筑中都有相当充分的体现。关于纯粹几何形具有完美而永恒意义的说法，直至古希腊时期才伴随哲学的发展被柏拉图所确立，但是古埃及人却早在2000多年前就已将人类本能的几何意识发挥得淋漓尽致。

第二，平面布局已体现出明显的对称与轴线意识，这种对于“线性”的感知也体现在树木的行列种植与道路的直线形铺设中。这让我们联系到古埃及绘画中常用的那种类似电影胶片的画面组织形式，运用线性构图来讲述一段故事，弥补了原始壁画所不擅长的连续的情节表达。然而无论哪种艺术领域，有关直线图式的体现，或许更重要的是借以表达对永恒生命道路的阐释与无尽膜拜。

第三，构成要素多具有象征意义。例如花岗岩与石灰岩铺装象征生命力量的坚不可摧。树种的选择则同时要有实用和精神寄托之用。园林成为与未知世界沟通的重要媒介之一。

①赵晶．视觉艺术视野下的景观设计方法研究[D]．天津：天津大学，2016.

随着艺术创作思想的解放和各种观念的涌现，景观设计在建筑发展思潮的引领下，找到了超越平面的、超越植物要素局限性的发展视点——景观因人而赋予的功能性和因自然天性的材料所带来的可塑性。随着近几十年来可持续设计思想的广泛推行，景观、建筑与城市规划设计越发呈现出整合的趋势，建筑师也越来越意识到景观所具有的包容度，在生态角度的前瞻性，建筑不再被视为一个彰显自我、独立的硬质体块，它应被包含于周边的环境，体现与自然相结合的态度。诚然，步入21世纪，建筑开始重归地面而不再热衷向高空发展，它开始打破室内与室外的对立关系，追求渗透、融入生态技术，如垂直绿化或屋顶绿化的开发，转变凸显的优越感，将自身落于大的环境背景去，这些都推动了建筑与景观的融合。很有可能，在一个数字时代，景观可以融合到未来的建筑语言之中，创新及秩序、空间模式、大脑研究、复杂性和多结构等问题，将是我们在解释现实世界所面临的最基础的新挑战。

在任何设计领域，新观念的产生往往有两个基本的来源：从本领域自身的历史进程中发展而来，从其他设计领域和学科以及社会环境中得到借鉴。随着20世纪现代运动的不断高涨，景观设计的现代转型却发展较慢，除去一直以来建筑艺术的带动作用，绘画与雕塑在新世纪的开端也逐步成为景观设计重要的创作来源。尤其是受20世纪第一个新艺术运动——立体主义的影响，其在绘画领域对于传统的颠覆，也同样带动景观设计告别延续了几个世纪的“规则—非规则”二元对立的无休止争论，给予景观领域一个新的、有关未来变化的探索空间。这种深刻影响最终将景观设计带上现代发展的道路，因而成为景观发展史上一个重要的里程碑事件。

二、景观建筑设计社会层面的艺术

景观设计在现代发展中并不局限于艺术基因视角的探索，而是从自然和社会两个角度进行了积极的艺术尝试。作为时间、材料、空间、结构、光及色的演变，在其发展过程中，随着人类社会生产力与文明的发展，全球信息和服务经济的转型都是景观形态转变的重要推动力量，由此引发人们对景观物质背后的社会机理的认知和思考。

在1342年的古罗马时代，通过描绘佛罗伦萨的壁画显示了当时人们对城市规划的积极思考。壁画中描绘出，人们对公共广场开发的需求，文明社会最重要的因素是有公园或草坪，供公民和外宾娱乐之用。人性关怀的继承与相关举措，也同样体现在别墅及其附属园林的建造之中，以蔬菜、药草等实用目的为主的修道院或城郭园林的建设，在社会发展过程中被可供人们观赏和休息的新型园林形式所代替。附属服务化设施椅子、亭子、栏杆等也得到了完善，而且还具有亲切感。对古罗马别墅生活的憧憬和对自然美的新感悟，激发了人们内心的田园情趣。

由于两次工业革命的浪潮和科学实验精神的蓬勃发展，人类在享受到丰富的物质果实的同时，也承担起了一系列新的问题。面对急速膨胀的城市，与城市规划相关的许多乌托邦式的构想产生了，园林景观也以新的形式面临着社会和时代的变化。它不响应建筑领域对新材料和技术的推崇，反而以极其淡然的自然风格园林风格回应了整个世界的轻率和不安。19世纪中期，英国第一个为大众所有的开放公园——伯肯海德公园诞生。准确地说，柏肯海德公园是首次使用公共资金收购开发公园用地，以周边房屋销售收入偿还开发成本的实践，由政府承担公园的维护保修责任。它给拥挤的城市带来田园风光，这不仅是物质上的恩惠，还能让来自自然的人们重新回归自然，与自然和谐相处。

现代景观努力营造一种反城市化的同时，娱乐和旅游业的空前发展，产业和利益价值的推动，使景观发展到消费者和生产者的层面，这也就使得景观设计更具娱乐性和戏剧性的色彩。在这种情况下，景观设计与其说是发人深思，不如说是追求新奇、幻想以及冒险的乐园，对世俗生活的体验与参与进行强调，成为艺术家个性化创造的调色盘。以历史为基础的、粗糙的工业建筑、场所和设施的各种新观念告白，超大尺度的空间形体展示，构成主义的形式拼贴，以及坚硬冰冷的金属材质和柔软且具有生命的潜力的植物之间的独特的对比都显示出后现代艺术的魅力和价值。

除此之外，景观在诞生之初就确定了建立理想的“伊甸园”的意义主题。在《圣经词典》中“伊甸”代表的是喜悦、快乐、欢乐的意思，这就是景观的建造目的。随着人类的发展和社会问题的复杂化，这就对景观设计师提出了一定的要求。伴随着文化背景、时代背景的改变，景观设计师需要不断调整自身的观念与想法，在文化发展的过程中寻找景观的真正意义，这也是景观设计师要承担的来自社会的责任与使命。

早在19世纪中期，当时美国最有名的规划师兼风景园林师奥姆斯特德就提出，景观设计作品在进行艺术表现的同时，要将社会意义有所呈现，起到改善人民生活质量，缓解都市生活压力的作用。美国早期开放公园的设立很好地遵循了这个理念，这奠定了现代景观设计发展的基本模式。

20世纪之后，景观设计的审美表现随着现代艺术和建筑的发展受到二次关注，浪漫的艺术形式被立体派的抽象几何学和之后的波普艺术所替代，长期争论的二元对立形式最终在社会大环境的作用下，形成了多元化的设计语言及理念。在进入20世纪之后，国外很多景观大师都提出了多种多样的主张。美国景观大师盖瑞特·埃克博提出景观设计应更多着眼于空间及社会功能方面，强调景观设计的目的是“为土地、植物、动物和人类解决各种问题”。美国现代景观设计师劳伦斯·哈普林从运动和空间感觉出发，以独特的见解对城市环境中的自然进行了理解，通过西雅图的“高速公路公园”的景观设计就可以感受到运动与空间的交融。美国景观设计师奥斯芒德森针对市区拥挤、开放空间不足的特性而设计的“加州奥克兰市凯撒中心”的屋顶园林，德国景观设计师彼得·拉茨对鲁尔区工业废弃区的景观设计，都体现出设计师们在时代背景之下，对于城市的美化、可持续发展性的生态发展，以及对如何提高人们生活舒适度等多种方面的不断努力。

三、景观建筑设计生态层面的艺术

随着社会的发展和人类知识体系的扩展，景观设计随着建筑和城市规划设计中的生态化倾向愈发明显，逐渐演变出了生态景观设计的概念。“生态学”一词由德国动物学家海克尔于1866年提出，将生物与环境的关系作为研究的重点，并开启了生物群体与环境的适应性关系的栖息、聚居研究。20世纪20年代，苏联地理化学家维纳斯基提出生物圈的自我组织与调节能力，从而建立了生命体与物质环境相互作用、共同进化的关系理论。随后，奥地利物理学家薛定谔的“生命以负熵为食”的著名论断、英国大气学家拉夫洛克的“盖娅假说”，以及20世纪70年代始于西方国家的“绿色运动”等都推进了生态概念的普及和应用。在设计领域，未来主义建筑师富勒的“少费多用”原则、舒马赫的“中等技术”理论等，都为建筑设计以及其他领域的生态化努力提供了具体的技术依据。

对于景观设计来说，其发展进程既受到生态化设计倾向的影响，也有天生的与自然的不解之缘。自19世纪中后期始，诸多景观设计先驱已经开始致力于将生态因素考虑到景观设计过程中的尝试。作为美国早期城市公园运动号召者之一的延斯·延森，提倡公园规划设计和保护之间的连续性，他的作品呈现出自然风格与象征性表达相结合的特征，以此唤醒公众对自然美的热爱。同时他也通过“草原俱乐部”“乡土景观之友”“荒野之美”等组织与户外展览保护、宣传野生自然遗产，使得许多风景优美、具有历史意义和重大价值的自然区域得以保护下来。美国风景园林师沃伦·曼宁将以自然资源和自然系统为基础的设计思想付诸具体的设计实践之中，1915～1916年由其主持的美国“国土规划”首次对控制资源开发、保护优美风景作出了科学的成功结合。

20世纪50年代，生态思想也开始成为业内教育者们关心的重点，美国生物化学家斯坦利·怀特积极鼓励学生们从广泛的自然科学基础上深化景观设计。他认为“正确”的设计方法是突出场地的特色以及与场地适应的形式，并撰写了《自然环境科学入门》。他在哈佛的学生，如理查德·哈格、斯图尔特·道森、菲利普·刘易斯、彼得·沃克等后来成为著名景观设计师，他们的作品中都多少体现出有关生态科学的独到见解。随后，菲利普·刘易斯在20世纪50年代中期创造了“环境廊道”的概念，景观设计师霍华德·菲舍尔在20世纪60年代中期成功研发了能够运用于景观规划过程中的计算机图形软件，景观设计逐步走上了更加模式化，应用科学技术日趋复杂的生态研究道路。

生态景观设计的不断完善与细化是以先辈们所创造的丰硕成果为基础的。时至当下，生态意识的融入景观设计中根本性地颠覆了传统的设计理念。首先，在形态层面具体表现在对城市及周边区域、生态公园、湿地、绿色廊道等的建立。传统的以人的活动为主导的绿色空间设计模式，逐渐转变为尊重自然物种的生存权利，以构建自然栖息地和生态调节系统为主的设计取向，极大改变了城市自然景观的格局。其次，在功能方面，许多生态公园、生态治理的系统及其艺术景观，承担了教育公众、普及生态价值观念的功能。例如成都府南河生态公园改造，将景观艺术表现、游憩与污水治理工艺相结合，既叙述了工业时期人类对环境造成污染的历史，也展示了绿色文明下人类对追求可持续发展的渴望。

当代景观设计的生态取向主要表现在与高科技相结合的生态景观设计、地域文化景观的保护，以及涵盖社会文化、经济、政治等层面的综合生态系统的建构等方面，尤其是对可持续的生态景观设计的关注。求新、奢华的消费文化一直以来主导着人们的生活时尚，在生态社会尊崇“节约、再利用、循环”3R原则的背景下，人们纷纷从普通的日常生活中着手来建立可持续的消费观念。都市农业、后院农场、可再生替代品、循环材料与循环利用等新的设计理念逐渐融到景观设计中。2008年法国卢瓦尔河畔的修蒙国际园林展中就有一个作品，名为“我们食用的园林”，园中艺术化地栽植了本地生产的蔬果，提出“零距离菜单”的概念，目的在于加强居民对本地农作物资源的关注和了解，号召大家食用邻近生产的蔬果，以此降低由于食品的运输过程而导致的大量二氧化碳的产生。“后院农场”由专业服务团队负责农作物的选择、草坪维护、收割，以及多余农作物向本地饭店和市场的出售工作，居民不需自己动手就能拥有属于自家的农场式园林并收获美味、有安全保障的食品，同时对于区域环境的改善、地方经济的发展都有着不可估量的潜力。

在当下生态文明视角下，人类追求自身环境的改造，应遵循用适宜的技术达到最小的资源消耗和最大价值的功能体现。从这一角度来讲，景观设计追随社会消费观念的转变所展现出新的设计取向，提供的不仅是创新的形式，更多在于对生活模式的改变以及对景观生态可持续方法的挖掘。法国科学家安东尼·拉瓦锡曾言：“没有什么会消失，也没有什么会凭空产生，所有物质彼此转化。”我们应以新的视角去审视社会当下的消费观念，给予环境以保护与永续发展的关怀，生态化途径也会因为人们价值观的转变而更好。

四、景观建筑设计哲学层面的艺术

景观设计作为一个寄寓了人类生存理想而对大地、空间以及其上的实体要素进行合理规划与设计的实践活动，必定凝聚着生活其间的人类的各种思想和需求，以及随时间变迁而不断更迭的意识观念。这些非物质形态的文化观念，借助景观设计这一途径，以充满艺术表现的形式，从社会、生态等多维文化层面表达出来。

哲学是人类意识形态最为系统化、理论化的深度阐释。通过哲学的思维理念观察作品，发现在景观作品中的内在结构，同时也对其中不同文化维度的整合与发展起到助推的作用，这让景观设计更具深度也更为理性。

人类哲学的发展大都经历了一个由外在表象向内在本质的探索过程，而这种系统化、理论化的世界观，无论在其产生之初，抑或是演化的进程中，几乎都逃不过对一个永恒主题的思考：世界“本原”为何。无论是西方古典哲学还是东方的儒、禅，都有自身关于万物本原的理解。而这种寻根问底的追溯，往往都与自然崇拜意识有着不解之缘，这也就或多或少于无形之中与景观建立了对话渠道，并继而被间接或直接地转化为具体营造手法，融入人类景观实践之中。

早期哲学的发展多带有浓厚的自然意味，如米利都学派的水、气、火、种子本原说，都是从自然的角度阐述了对世界本原及其运作规律的理解。与此同时，也有多位先哲将世界本原归因于某种形而上的、完全超越自然的概念，其中以赫拉克利特的"逻各斯"、巴门尼德的"存在"为代表，它们都体现出抽象化的形而上学倾向。以此为开端，人们开始质疑古老宗教或神话传说中纷纷扰扰的表象世界，尝试以理性的思维探索世界的真理所在。而这种哲学思考成为景观史上一个极为重要的园林形态——古典园林产生的理论根源。直至17世纪，伴随经验哲学的诞生，一场反对形而上之理的经验论和浪漫主义运动催生了与古典园林形态完全背离、充满浪漫气息的"自然风景园"，由此形成景观发展史上"规则—非规则"二元对立的局面。人们开始在理性与浪漫的对峙、交织中体悟景观形象背后人类文化的力量，正是那些抽象的文化脉络而非其他，才最值得深思和解读。

景观设计中另一重要类别、极具浪漫气质的"自然风景园"，其产生与发展则深受经验哲学的影响。经验哲学诞生于17世纪充满怀疑精神、尊重科学的理性时代，认为我们的全部知识（逻辑和数学或许除外）都是源于经验而非凌驾于经验之上的天赋原则。从追寻高高在上、遥不可及的几何理式之美，到回归自然与人性本身，迷恋具有浪漫品质的自然景观，在这种理性与浪漫的二元交叠之中，由于人类科学的进步导致以往以宗教、超自然的力量解释神秘现象的时代一去不复返，人们的审美形态从对形而上之美的崇拜逐渐转为对自身经验、感知的品读，逐渐学习静谧地观察与体悟周围环境，越发感觉到自然大地的坚实和充满生机。而这种自然情结，不知是否可以追溯到古典哲学对本原探讨的自然之理，甚至是人人内心向往的伊甸园。

经验哲学及其后续理论的发展拉开了人类理性世界的序幕，流行了近2000年的形而上之美，不再是人们心中唯一的美学宝典，而已变成了陈词滥调甚至处处被攻击的对象。同时，伴随人类科技进步的步伐，工具理性的内在弊端也很快被暴露出来，使人们在享受便利的同时也深感不安。伴随社会、经济模式的转变，也在文化领域出现了相应的变化，呈现出多元与分化的趋势。哲学家帕斯卡、叔本华和尼采最先举起了人性关怀的大旗，用以抵制理性世界的冷漠。此后，哲学思想的更迭渗入到各个社会文化领域，景观设计也以一种新的语义和姿态，于当代极富包容性的文化语境中探索自身，融合了新的文化价值取向并呈现出多元而丰富的发展态势。

人不是植物，人对景观更为重要。每个景观设计都是一个舞台，舞台上的演员就是人。景观必须容纳着欢乐，承载着轻松和愉快、梦、幻境、想象和探险。1950年，美国景观大师埃克博在《为生活的景观》一书中提出景观设计的三要素——空间、材料和人，认为景观设计的生命力和创造力应该在于因地制宜追求人与自然的和谐表达而非某种忽略人性关怀的预想形式。这里所强调的人，不仅仅是最终建成的景观空间的业主和使用者，而且还包括我们所处的文化资源和人文背景。

当奥地利哲学家胡塞尔的“现象学理论”和德国哲学家海德格尔的“存在时间”被广为推进之时，法国人类学家列维·施特劳斯将结构主义大旗举上时代舞台。结构主义一反现象学和存在主义将人的存在及其意识作为探讨的核心，主张将对人的关注转向对世界结构的分析。1966年法国哲学家雅克·德里达在题为《人文科学话语中的结构、符号和游戏》一文中，认为结构主义实质上与自柏拉图以来的诸多哲学观念一样，都存在形而上学的二元对立问题。

这些用来解构“形而上学”的哲学方略，后被转译为具体的形式语言应用于后现代主义景观设计中，由瑞士设计师伯纳德·屈米设计的巴黎拉·维莱特公园即是最突出的案例之一，其突破以传统哲学为美学根基的古典园林所具有的强烈中心性、虚幻而理想化的永恒模式，古典哲学美学中的对称、轴线、中心、整体不复存在。

景观设计以空间语汇阐释并记载了历史上这样一段哲学思考——

将追问本原、探求永恒真理和至善至美的回归之路，转化为对世界结构的不可知、模棱两可，矛盾、分裂，替代性的实体性探讨。同时，拉维莱特公园也颠覆了由奥姆斯特德开创的自然界在城市里的传统角色，即反差极大的自然肌理与城市人工化肌理的共存状态，城市的高密度、拥挤和文化的多元与丰富性也被带入公园的设计之中。在当代景观设计哲学中，空间游戏与形式上的唯美已退居其次，轴线、秩序与几何形式的图案，中心、层次以及经典的形式组合让位于虚无、暧昧、变化等不尽言之或大象无形的意境追求和时空体验。而最为根本之处在于，当代景观提倡无中心意识和多元的价值取向，使得个体的存在受到尊重，社会包容性和社会和谐得到强调。

第二章　建筑设计基本原理

第一节 设计的基本认识

设计是一个不断提出问题和解决问题的过程。建筑设计是通过各类方式进行完善功能与形式的和谐与统一的思考过程。功能,表现为内容;形式,以空间的组合方式和形状排列形成。由于建筑的使用方式不同,所以也就形成了不同的空间构成方式及形状排列方式。由此建筑设计的基本内涵是:人的思想、建筑的功能、建筑的形式,这三者的和谐统一。

一、关于设计的定义

设计即设想与计划,设想与构想要符合计划。

设计是先于事物的严密而符合逻辑的设想、规划,是对想象的系统化,并以可以接受的方式表达出来。设计实际上需要经历立意—构思—设计—表达等阶段,立意是设计的初始阶段,是设计的灵魂。

设计师在下笔之前首先要思考清楚,确定自己的基本想法及观点,想要设计什么,将做什么,然后再继续进行,做到从容而不反复,所谓"意在笔先"就是这个道理。建筑工作存在着思想探索的先锋性与实际工作的滞后性之间的矛盾。[①]

建筑师应该具有较强的表达能力(即写的能力)、系统化及逻辑化

①张绮曼,诸迪,黄建成. 中国环境设计年鉴(2010)[M]. 武汉:华中科技大学出版社,2010.

的思维方式、计划总结能力、超乎一般人的想象力及非常人的观察力等。因此，一个合格的建筑师，对于一个问题的回答不会仅有一个，而是基于对这个问题的良好的理解和认识，能给出若干个备选答案。

二、关于"建筑设计"

在西方，视觉艺术的三大形式包括绘画、雕塑和建筑，可见建筑被列入了艺术的范畴。

(一)建筑设计具有唯一性

工业产品的生产是在工业化的前提下，生产大量需要的批量产品，其主要特点是工业化、定型化和批量化；而在工业时代后，建筑的唯一性就表现得不再突出了，集中体现在现代建筑的国际化趋势及建筑工业化的要求等方面。19世纪下半叶，在新建筑运动中，法国建筑师勒·柯布西耶等人提出的"房屋是住人的机器"，目的就是主张走建筑工业化的道路。在当代欧美一些国家广泛应用吊装技术，把装配式房屋发展到了一定水平。从上述现象来看，建筑似乎也如同工业产品一样，其唯一性无形中正在被改变，配件的生产工厂化，到了施工现场进行组装，致使人们质疑建筑设计的唯一性是否有改变的可能。但是，我们要记得由于时间、地点、设计人的不同，建筑仍然不同，再加之建筑设计需要多任务种类合作来完成。由此得出结论，建筑设计具有唯一性这一点是不容置疑的，与建筑与工业产品是有区别的。

(二)建筑设计考虑的基本要素

在建筑设计过程中，设计师需要考虑的基本要素主要包括自然、人文、技术及资金等方面。自然要素是指气候、水文、地质条件，其中地质条件可能存在地裂缝、湿陷性黄土地带等常见情况，这属于非人为因素，环境、基地情况也属于非人为因素。国家的法律法规、标准、规范等是社会因素的限制；文化、习俗、传统，应该得到尊重；业主要求，即甲方委托书也会在一定程度上限制建筑设计。在西方，业主选定具有某种设计风格的建筑师来满足自己对于风格的需求，业主和设计师所认同的两种风格往往是相近的。其他方面，包括资金筹措、场地条件、材料限制等。

（三）建筑设计的方针

在新中国成立初期，周恩来总理提出了适用、经济，在可能的条件下注意美观的方针理念，这强调了对建筑的功能性、技术性以及艺术美感之间的交互关系，对当时的建筑工作起到了巨大的指导作用。1986年，建设部总结以往建设实践的经验，结合我国实际情况，制订了新的“全面贯彻适用、安全、经济、美观”的建筑方针。直至2016年《中共中央国务院关于进一步加强城市规划建设管理工作的若干意见》提出新的建筑八字方针“适用、经济、绿色、美观”，提到要防止只注意建筑外观形象的问题产生，还对公共建筑和超限高层建筑设计管理提出了强化需求。

第二节 基本的环境观念

建筑从属于其周围的环境，这一点毋庸置疑。那么在设计之初，如何研究基地与其周边环境的关系就成为我们设计的首要任务。由于环境本身的复杂性、多样性而提出文脉的概念。在建筑学的术语中，文脉一般是指建筑所坐落的地点或位置。文脉是影响建筑设计理念形成的具体而显著的因素。而另外一种设计手法则是完全与周围的环境相对立，随之形成的建筑将会显得与众不同，且独立于周围其他建筑和环境之外。无论通过哪种方式，关键的问题都在于要充分地研究分析文脉，并且在设计实践中谨慎而清楚地回应文脉。

研究建筑的环境可以从下列几个主要因素入手。

一、基地

建筑属于某个地点，它依赖于特定的地点，即一块建设用地（基地)。这块基地具有与众不同的特征,其中包括地形、地貌、朝向、位置以及它的历史定位。

(一)理解基地

一座城市中的基地具有其独特的自然风貌和历史,它将影响到建筑设计的理念。在这片用地上会有周边其他建筑的回忆和踪迹,而这些建筑又具有各自重要的特征:从材料的使用,建筑的形式和高度,到房屋使用者可以接触到的细节样式以及它的物理特性。一块景观用地也许对历史因素的考虑会少一点,但是,它的物理特性、地形、地质以及植被等都将对建筑设计起到指导性作用。

作为一名建筑师,对于建筑所在基地的理解是一项最基本的要求,文脉将会提出一系列限定因素,包括朝向和入口路径。具体的考虑因素包含但不限于相邻建筑的状况、高度、体量以及建成它所需要使用的材料。建筑的选址不仅取决于它的建设用地,同时也取决于它的周边区域环境的状况,这又提出了一系列需要进一步去考虑的问题,比如周围建筑的尺度以及选用的建筑材料。

在建设用地中想象建筑的形式、材料、入口和景观是非常重要的。基地不仅为设计提出限制和约束,同时也提供大量的机会。使建筑物具体化和独特化的原因是没有两块基地是完全一样的,每块基地都有自己的生命周期,并通过演绎和理解的方式来创造更多变化。基地分析对于建筑设计非常重要,因为它为建筑师的工作提供了依据。

(二)基地分析和绘制地形图

记录和研究基地的技术和方法很多,包括从自然状况勘测(对基地内自然风貌的测量)到对声、光以及历史经历等方面的研究。最简单的方法就是亲临现场,去看、去记录基地的周围状况。这样做能够为设计提供依据,并使最终设计的建筑能够更加适应基地的状况。文脉回应尊重基地内已知的限定因素,然而非文脉回应却故意与基地内现存的限定因素背道而驰,从而创造对比与变化。这两种方法无论采用哪一种都需要建筑师通过不同形式的基地分析来处理基地,并且恰如其分地理解基地的现状。

为了准确恰当地分析基地的现状,必须绘制地形图,这就意味着我们需要记录下目前基地中存在的各种形式的信息。绘制地形图所需要的信息不仅包括基地内的自然地理方面的信息,而且包括对于这块场地特性方面的个人经历体验以及个人理解的信息。

有很多种工具可以被应用于绘制基地的地形图,人们研究它并在它的指导下进行设计。分析型的工具可以使基地以不同的方式被测量。

工具一:对基地现状的个人理解。

工具二:基于图形背景的研究。

工具三:探索基地历史发展的轨迹。

(三)基地勘测

任何一处基地的状况都需要被勘测记录,一份勘测报告可以描述基地内现存状况。它既可以用自然地图或模型的形式表达,也可以用更为严谨具体的通过测量得出的图纸来解释。一份基地勘测报告将会为我们提供基地内基本的水平和纵深尺寸,显示出基地周围已有的和计划继续兴建的建筑,并以平面图、立面图和剖面图记录目前基地周边的现存状况,这是设计过程中必不可少的重要资料。

基地勘测同样可以记录不同的高差。一个基地的地形勘测能够显示基地内不同的等高线和坡面,而这些信息都将对设计构思的发展起到建设性的作用。

二、朝向与位置

对于建筑设计和建筑而言,“朝向”一词为我们解释了建筑在基地中的位置是多么重要,它是影响建筑设计的具体因素。光是如何影响我们对建筑的理解以及我们在建筑中的社会生活的,这是建筑设计中最基本的问题之一。室内空间中的自然光创造了生活,为我们带来了行动的标尺和参照,并且带来了时间和外部空间的联系。①

基地具有特定的和独一无二的场所特性,因此,位于基地中的所有事物都处于一种不断变化的状态之中。例如,建筑的影子每天都不同,并且建筑中每个房间的光线质量都不尽相同且处于不断变化之中。

建筑的位置以及它获得日照的情况决定了其规划设计中的许多方面的内容。在一座房子里,园林阳台的位置或者餐厅的位置设定完全取决于设计师对光影的把握。在更大尺度的建筑中,建筑的朝向能够显著地影响建筑在不同季节中热量的得失,这将最终影响建筑的能耗以及使用者的舒适度。

建筑的位置选择是对于基地的常规性理解的一部分,从日出到日落,从夏至到冬至,太阳高度的不断变化为我们带来了基地多样化的印象。

三、气候

气候是反映基地内具体自然特性的关键因素,同时,气候的多样性也会影响与建筑设计相关的许多因素。建筑将为使用者起到从室外空间向室内空间过渡的调节器的作用。

(一)降雨

有无数的案例证明建筑设计受制于气候条件的影响。这或许是因为人们有控制和改变气候的愿望,或许人们想利用在特定气候条件下形成的当地资源。

气候直接影响到该地区的气温和降雨情况。在多雨的气候条件下,建筑室内和室外的状况截然不同。所有的建筑都必须采取防水措施以防止雨水进入。为了满足这些防水的需要,建筑需要设置雨水槽和排水管,并且使屋面倾斜成特定的角度,以便更加迅速有效地进行排水,而这些措施都将影响到建筑的形式和外观。

①王枫. 关于生态环境观念的研究[D]. 哈尔滨:哈尔滨工业大学,2013.

（二）温度

在温和的气候条件下，室内外的温度差别没有那么大，但是如果在阴雨天或者是恶劣的气候条件下，建筑可以通过材质的运用变得更加鲜亮，并可作为框架来帮助定义空间。从这个角度来说，建筑更像是一套外衣，随着外部环境的影响而改变。

在极端的气候条件下，建筑设计需要随之进行调整以满足室内环境的舒适性和可居住性。举例来说，在寒冷的气候条件下，就需要厚实且隔热的外墙来保持室内温度的舒适性。相反，在炎热的气候条件下，应鼓励在设计中采用降温设施，比如使用轻质材料等，以保护室内空间不会因为受到过多的太阳辐射而导致温度过热。在这些气候条件下，建筑设计在构筑中需要更多地考虑空气对流以及通风，从而使室内更加凉快。在炎热的气候条件下，适当地布置水体是一种非常有效的设计手法，可以用于降低空间的温度并保持空气湿润。

四、材料

为建造建筑而挑选的材料的特殊质感、色彩将会共同发挥作用以表现建筑的特殊形象。对材料的特殊质感和色彩的选择要依赖于对基地现场的清晰理解，因为每一块不同的基地，无论是城市用地还是景观用地，都拥有其固有的材料和质感的特性。

从历史的角度来说，建筑师对于材料选择的控制权将严格地受到材料在当地的可应用性，以及交通运输等因素的制约，因此，建筑应该由当地的建筑材料构建而成。例如来自当地采石场的石材，由当地黏土烧制而成的黏土砖以及基地周围生长的茅草等，这些采用基地周边的材料建造而成的建筑看起来就像是周围景观环境的一部分。随着这些地域性材料的广泛应用，这种当地材料的特殊色彩肌理也会被广泛地传播开来。

应用于建筑构造形式中的材料，可以被广泛地应用于不同地区的建筑设计当中，而不必局限于在原产地应用，这样做促进了建筑形式和风格的多样化。如混凝土这样的建筑材料的发展和广泛的应用给建筑形式的创造带来了无尽的可能性。

五、地点与城市

我们的建筑或空间是工作、生活及一些事件所发生和上演的平台，因此成了具有意义的地点。熟悉并理解地点是相当重要的，尤其是当应对处于历史性基地内或处于历史保护区域内的建筑设计时，在设计中需要加强对历史和记忆因素的考虑。

城市是由许多重要空间构成的，城市本身也是一个地点。具有丰富历史遗留的城市，千百年来延续了其特殊的形态。也有全新构筑的城市概念，如英国的米镇（Milton Keynes）以及印度的昌迪加尔（Chandigarh）等。这些新型的城市首先存在于人们的想象之中，然后作为一种全新的和完整的生活理念被创造出来。这些新型的设计并没有受到历史遗留的公共设施以及可供使用的建筑材料的限制，相反，却获得了更多的进行全新建筑设计并构建出我们全新未来的机会。

第三节 建筑空间

建筑空间是人们为了满足生产或生活的需要，运用各种建筑主要要素与形式所构成的内部空间与外部空间的统称。

一、基本的建筑空间概念

建筑的空间观念是以人为的空间为主题的。最基本的人为空间环境设计包括：①人对空间的制约性；②空间的大小、位置、朝向与建筑功能之间的关系；③空间的限定方式、封闭与开敞；④基本构件的运用，墙体、地面、道路等。

建筑的空间不是由抽象的形式构成，它是由很多复杂的“关系”联系起来的。一个良好的建筑空间，是由功能关系、结构关系、造型关系建立起来的系统。虽然在空间的构成形式上人们所体验的是一个个几何的组群或造型，但是这些组群和造型与人们日常的行为是联系在一起的，这是人们对形态的一种理解与认识。也就是说，在“形”的背后存在着深深的意味。

（一）功能与空间

建筑的空间是具有实用性的。内部空间就像是一种容器——一种容纳人的容器。由于功能不同，功能所要求的空间也就不同，功能区与空间有一种相互的制约关系。如住宅，无论是什么样式的住宅，它的基本功能构成是：卧室、厨房、卫生间、起居室。为了适应不同的使用要求，这些房间在大小、形状、朝向和门窗设置上都应有不同的特点与形式，空间的大小、容量受功能的限定，空间的形状也受功能的制约。

（二）结构与空间

结构是建筑的骨架，建筑的结构是使建筑能够坚固的根本保证。对于空间来说是一种制约，同时也是水平空间、垂直空间相互联系起来的内在逻辑。结构的形式也使得空间产生着不同的形状与特征。现代建筑结构形式复杂多样，把结构与空间结合起来并且充分显示结构本身的形式将产生非常好的效果，如壳体、悬索、充气、网架等。

（三）造型与空间关系

造型是实体形态，空间是实体与实体之间的“场”，实体的形态直接影响着空间的形状。实体形态对空间的品质也有着根本性影响。当今的建筑形态更是丰富多彩，如何追求最佳的表现形态与环境等众多的因素都紧密相关。

二、内部空间、外部空间和“灰空间”

内部空间与外部空间是一个对应的关系。建筑的内部空间与外部空间是由建筑空间性所决定的，一般将具有一定的围合性与相对封闭、封闭性强的空间称为内部空间，这是由围合的程度所决定的。外部空间是具有开敞性、中界性这种形式特征的空间，无论是内部空间还是外部空间，对于建筑的整体构成来说，都是在空间的处理过程中需要认真研究与思考的。对于建筑的每一个构件都要考虑到它对于空间的影响。[①]

“灰空间”是指上述室内与室外之间的过渡空间，即半室内、半室外、半封闭、半开放、半反射密的中介空间。这种特质空间一定程度上消除了建筑内外部的界限感，使两者成为一个有机的整体，空间的连续性消除了内外空间的隔阂，给人一种自然有机的整体感觉。一般建筑入口的门廊、檐下、园林、外廊等都属于灰空间。

三、学会认知与体验空间

其实我们每天都是在空间认知与体验中度过的：早上在自己的卧室里醒来，穿过客厅到餐桌吃饭，或者走过长长的走廊到教室里上课；午后在阳台上晒太阳，可能去逛商场，在各个柜台前流连忘返，也可能窝在咖啡厅的一角消磨时间，如此种种。我们总是从一个房间到另一个房间，从事着这样那样的活动，只是我们没有意识到我们已经在空间感知体验的过程中了。建筑内部空间的认知和体验与生活是融为一体的。

（一）量度及尺度

1.量度

量度主要指空间的形状与比例。

围起来的室内空间会给里面的人带来不同的心理感受，正如著名建筑师费玉明先生对华盛顿国家美术馆东馆的论述一样，他主张三角形一样的斜空间给人一种动感和变化的心理感受。如巴黎圣母院是哥特式代表作，外部造型与内部空间都强调竖向性和向上的感觉。

2.尺度

尺度是指某个建筑物在真实大小和人们感官之间的关系问题。建筑的开间、进深、层高、器物大小等最基本的尺度是受到人体各部位的

①田学哲，郭逊. 建筑初步（第三版）[M]. 北京：中国建筑工业出版社，2010.

尺寸及其所需的空间尺寸影响的。

一般而言，建筑内部空间的尺度感与房间的功能性质相一致。日本和室以席为单位，每席约为190cm×95cm，居室一般为四张半席的大小。日本建筑师芦原义信曾指出："日本式建筑四张半席的空间对两个人来说，是小巧、宁静、亲密的空间。"日本的四张半席约相当于我国$10m^2$的小居室，作为居室其尺度感是亲切的。

纪念性建筑由于精神方面的特殊要求往往会出现超人体尺度的空间，如拜占庭式或哥特式建筑的教堂，又如北京人民大会堂，以表现出庄严、宏伟、令人敬畏的建筑形象。

（二）限定要素

限定要素是指空间是由哪些界面形成的。对于建筑空间来说，它的限定要素是由建筑构件来担当的，包括天花板（屋顶）、地面、墙、梁和柱、隔断等。

空间限定是指利用实体要素或人的心理要素，限制视线的观察方向或行动范围，从而产生空间感和心理上的感受。像墙壁这样被实体包围的场所，具有确实的空间感，可以保证内部空间的私密性和完整性。可以利用人的行为、视觉心理要素以及人的感觉器官来限定一定的空间场所。例如，在建筑的休息区域，如果一个座位有人，就会有空位，但后起者也不会夹在中间。这就是人的心理固有的社会安全距离限定的看不见的场所。这个场所虽然看不见，但能有效地控制人们的活动范围。

（三）材质

现代建筑中使用了很多材质：砖块的运用改变了包围体界面丰富的层位质感，体现出建筑的朴素实质；沙石、混凝土等粗糙材质的运用容易形成粗糙、原始甚至冰冷的感觉；天然的木纹理的运用可以让室内空间贴近自然，容易让人产生温柔、亲切的感受；玻璃材质的明亮、通透的质感改变了以往的建筑形式的局限，使室内与外界有了视觉层面的联系，同时增加了室内的采光；金属构件则给人精致、现代的印象。材质还具有历史意义以及地域特征。比如中国古代主要是木构为主，欧洲则是石材，而西亚建筑以黏土砖和玻璃砖为主。

（四）光线特征

光线特征是指建筑内部空间产生光的效果。建筑中的光不但是室内物理环境不可缺少的要素之一，而且还有着精神上的意义。就如爱丁堡圣吉尔斯主教堂，透过彩色玻璃窗射入的光象征着神的光辉。又如乌镇民居中，光透过天井一直延伸到厅堂檐口。开阔的天井成了晾晒蜡染布的好场所，形成了自然生动的光影变化。光影效果在空间概念中加入了时间因素，光影的变化使人们不再从静止的角度观赏空间，而可以动态地体验空间序列的流动感。

（五）文化意义以及心理因素的影响

建筑大师路易斯·康设计的孟加拉国国民议会厅，是一组世俗、宗教相结合的建筑群。其灵感来源于"卡瑞卡拉浴场"，作品渗透着作者对西方之外的文化——印度文化的理解，也体现了康对和谐秩序的重构及他对材料、光、结构的塑造。当人们处于这样的空间中，会产生将该空间与社会环境、文化心态等模式联系在一起的感受，从而形成空间的文化意义。

四、建筑内部空间设计

建筑师在设计中要考虑到建筑与环境空间的适应问题和建筑内部各组成空间之间的内在必然关系，规划从单一空间的规模、尺度、比例等三个部分深入空间结构，会给人们带来什么样的精神体验，并预测氛围和使用变化。从空间到空间感，都是建筑师在建筑设计过程中构建空间所要达到的目标。

在建筑设计基础的学习中，需要引入内部空间观念的训练。训练有两个要点：第一是对三度空间想象能力的挖掘；第二是创造性能力的提升。值得注意的是，建筑设计的内部空间和室内设计的空间又有不同的理解方式。建筑内部空间设计主要包括关注空间分割、空间组合、空间序列、界面处理、室内物理环境等方面。

(一)空间分割

美国建筑师查尔斯·摩尔在著作《度量、建筑的空间、形式和尺度》中说道:“建筑师的语言总是捉弄人。我们谈论过创造空间,其他人指出我们根本没有创造空间,它本来就存在于那里。我们所做的事情,或者我们要做的事情,从统一的空间中剪掉一部分,使其成为一个领域。”

空间分隔在界面形态上分为绝对分隔、相对分隔、意象分隔三种形式。空间分割按分割方式则主要分为垂直要素分割与水平要素分割两种。实践中会有不少非常灵活的空间分割方式,需要学习者在平时生活及学习中注意观察分析。

(二)空间组合

建筑设计中,单一空间是很少见的,我们不得不处理多个空间之间的关系。按照这些空间的功能、相似性或运动轨迹,将它们相互联系起来组合在一起的基本方法如下。

1.包容性组合

在一个大空间中包容另一个小空间,称为包容性组合。美国圣路易斯天文馆的空间与造型以圆弧曲线构成,营造出一种奇异的效果,充分反映出天文馆的特征。大圆(陈列厅)包容着小圆(天象厅),剖面中也能够非常清晰地看出这种包容关系,可谓是现代建筑中两层维护实体包容性的典型个案。类似的建筑案例还有荷兰Delft科技大学图书馆,圆锥体中的阅览空间被包容在平面之中,并在造型上突出倾斜屋面形成一个焦点。

2.邻接性组合

将两个不同形态的空间以对接的方式组合起来,称为邻接性组合。它明确地对每一个空间做出限定,以自身的方式回应特殊的功能需求以及象征意义。两个相邻空间之间,视觉和空间上的连续性取决于将它们分离并连接在一起的特点。美国勃兰德大学天然光源画室,三组不同用房围绕园林布置,画室朝北,每个画室之间都由一个过渡空间连接，呈现一组凹凸变化有致的空间形态，通过锯齿形墙面及大面积玻璃采光使光线充足。

3.穿插性组合

以交错嵌入的方式进行组合的空间，称为穿插性组合。两个交叠的空间领域组成了穿插性组合的空间关系，并使这两个空间之间形成了一个具有共享性的空间区域，相互界限模糊，空间关系密切。华盛顿国家美术馆东馆，其建筑中庭部分就是利用这种形式塑造出交错式空间构图，将水平、垂直方向相交错、穿插，形成空间感的流动性，扩大空间的效果，具有活跃、动感的特征。

4.过渡性组合

以空间界面交融渗透的限定方式进行组合，称为过渡性组合。空间的限定不仅决定了本空间的质量，而且决定了空间之间的过渡、渗透和联系等关系。不同空间之间以及室内外的界限已不再仅仅依靠"墙"来进行限定和围合，而是通过空间的渗透来完成。过渡空间是一个两种及两种以上的，具有性质差异的实体在邻接时产生的一个特定区域。这种过渡性空间一般都不大，所限定的空间没有明显界限，但是韵味无限。

5.因借性组合

综合自然及内外空间要素，以灵活通透的流动性空间处理进行组合，空间之间相互借景，称为因借性组合。中国传统建筑中，"借景"的处理手法就是通过运用空间的渗透与流通创造的空间效果。明代计成在《园冶》中提出"构园无格，借景有因"，强调要"巧于因借，精在体宜"。把室外的、园外的景色借进来，彼此对景，互相衬托，互相呼应。苏州园林是这方面的典范。在现代建筑空间中，也可以利用这种手法，将空间的开口有意识地对应或是错开，虚实结合都是为了在观赏者的心理上扩大空间感。

五、制造空间留出空间

社会以及人们生活变化是如此之快，建筑不得不随着工作方式、组织形式、资产转移，以及区划和功能的改变、扩张、减少，对效率的极端要求，繁荣或不同需要等的变化而改变。这都是无人可以控制的力量。一幢建筑如果不能适应这个变化，它的前途是暗淡的。

一个清晰的空间结构或基础结构容许持久性，而且由于它而制造了更多的能适应变化需要的空间，这增加了时间上的以及不可预料的空间。有许多建筑上的例子，它们在散失了原有的使用形式以后，仍可以重新利用，因为它们的"能力"证明了不仅完全适应于另一新内容，甚至激发了新内容。如仓库极适宜于改作办公室和住宅，不仅因为它丰富的空间和坚固的结构，还有它的基础组织结构。越少强调建筑最初的计划功能，反而越能满足新功能或使用的需要。

第四节 建筑的外部造型

所谓建筑的外部造型可以简单地认为是建筑的外观或建筑的艺术形象。在相同的功能要求下，运用相同的物质技术手段，由于不同的设计构思能创造出完全不一样的建筑，下面从建筑的形体特征开始来逐步了解建筑的外部造型。

一、建筑形体特征

在现实生活中，整体地看，建筑大多以三维体积的形式存在。因此在看到一座建筑时，人们对它的总体印象首先是其大致的三维形体特征，包括它的几何形状、体积大小，即所谓的"体形"和"体量"。比如一个长方体建筑，它的长、宽、高构成了它总体的三维形体特征，而人们主要是通过它的几何轮廓，也就是长方体的各条边去认知它的形状的。同时，它的长、宽、高越大，其体量也就越大。因此，体形描述的是建筑形体的几何形状，体量描述的是人对这一几何形状大小的感知。大多数的建筑，不会只是由一个简单的几何形体构成，往往包含了简单形体的切割或多个形体组合的关系。人们看到的建筑轮廓越复杂，说明它的三维几何形体构成也越复杂。简单的几何形体会使建筑看起来更大，而更多的形体组合会消解和弱化过大的体量感。

二、建筑的外部造型设计的特点

我们身边有很多形式多样的建筑，给人们带来不同的感官体验。如果说音乐通过音阶旋律和节奏来表现，绘画用色彩和线条来勾勒，那么建筑的造型又通过什么来表达呢？第一，建筑是一个实体，一个拥有内部实用空间的实体。这是建筑区别于其他艺术最大的特点。空间是建筑最重要的表现。第二，建筑的空间有赖于实体的线条和形状。许多建筑的形状和线条给人们留下了深刻的印象。第三，建筑表面的色彩和质感是它重要的表现。不同建筑材料也赋予建筑不同的表面纹理和色泽。第四，建筑通过光线和阴影的配合，加强了自身形体起伏凹凸的效果，增添了艺术表现力。这些都是建筑表达自身造型的手段。从古到今，建筑师正是巧妙地运用这些表现方式创造出一个个经典的建筑。建筑外部造型并不是单纯的美学概念，它要与文化传统、风土人情、社会意识形态等多方面因素结合考虑。但不管怎样，一些基本的美学原则在建筑设计的过程中仍然受用，比如：比例、尺度、对比与微差、韵律、均衡、稳定等。

（一）比例

一切造型艺术都存在比例的关系，建筑也不例外。建筑的比例是指建筑的各种大小、高矮、长短、厚薄、深浅等比较关系。建筑各部分之间以及各部分自身都存在比例关系。从理论的角度看，符合黄金分割的比例是最符合人们审美眼光的比例关系。但是并不能仅从几何的角度来判断建筑的比例关系。建筑的比例还和功能内容、技术条件、审美观点有着关联，很难用统一的数字关系来判定一个建筑。

西方古典建筑的石柱和中国传统建筑的木柱都具有合乎各自材料特性的比例关系，都能带给人们美感。因此，建筑的比例并不是简单的长、宽、高之间的关系，而要结合材料、结构、功能等因素，参考不同文化民族的传统反复推敲才能确定。

（二）尺度

一般来讲，只要和人有关的物品都存在尺度关系，建筑也存在尺度，其与人体以及与各部分之间的规模关系都会形成一种感官感受，这就是建筑尺度。人们日常生活中的家具、日用品、劳动工具，为了使用的便利，必须与人体保持合适的尺寸大小，这种大小和尺度的确立，会经过时间的选择形成一种正常的尺度观念。但是对于建筑往往很难形成这种观念。一是建筑的体量较大，人们很难用自身的大小去做比较；二是建筑不同于日用品，许多要素并不只单纯地依靠功能来决定。这些都给辨认尺度带来了困难。但建筑里也有一些构件的尺寸相对固定，比如门扇一般高为2m～2.5m，窗台或栏杆的高度一般在90cm，可以通过这些基本构件来判断建筑的尺度。

在某些特殊建筑里，缩小或放大了局部的构件，给人以错觉。例如一些纪念性的建筑，建筑师有意识地通过对某些构造的改造，给人不合实际的感觉，从而获得夸张的尺度感。同理，在一些园林建筑中，建筑师通过此类方式给人小于真实的感觉，来达到亲切的尺度感。

（三）对比与微差

对比是指通过建筑的各要素之间的比较凸显各要素之间的差异性，其中不明显的差异是指微差，在形式上这两者是必不可少的。当有显著差异时，借彼此间的比较达到烘托陪衬的作用，更好地突出各自的特点；而在差异不显著时，则借相互之间的共同性以达到和谐的作用。在建筑的对比层面来说，可以通过形状——方与圆，材料——粗糙和细腻，方向——水平与垂直，光影——虚与实等来表现。但这都有一个前提，对比的双方都要针对建筑的某一共同要素来进行比较。适当的对比能消除建筑呆板的感觉，增加艺术的感染力。

（四）韵律

韵律本来是指音乐或诗歌中音调的起伏和节奏。在建筑里有许多部分或因结构的需要，或因功能的需要，常常按一定的规律不断重复，像窗户、阳台、柱子等，都会产生一定韵律感。充分利用建筑的韵律感也是丰富建筑形象的一个重要手段。

（五）均衡

建筑物的均衡是指建筑物周围各部分的关系，通过对称的安排来获得安定和完整的感觉，彰显严肃和庄重的同时，获得清晰完整的统一性。但是不对称的平衡可以起到轻快且活泼的效果。保持平衡本身就是一种制约关系。动态的均衡有很多是在运动中获得的，建筑设计中必须从立体的角度去考虑均衡的问题。

（六）稳定

稳定是指建筑在上下关系造型上的艺术效果。古代人类对于自然的畏惧，对于重力的崇拜，使人们形成了上小下大、上轻下重、上虚下实的审美观念，根据日常经验产生了对建筑稳定感的判断。当然建筑的稳定感更多地来源于建筑结构理论的影响，受到材料和结构的限制只能采用这种方式。随着新型建筑材料的出现，新的建筑结构体系完全可以打破常规，无视这些原则。一般来说，纪念性的建筑中都采用上小下大的造型，稳定感强烈，而为了体现建筑的动感，也有很多建筑开始模仿一些自然形态，获得别致的造型。

第三章　景观艺术设计方法

第一节　景观设计文化内涵的表达机制

在语言学中，只有先学好字母然后才能组构词汇，先要学习句法和语法然后才会造句。这种研究模式可以被抽象为基于要素、要素间的关系等部分或阶段所构成的。对于景观设计文化内涵的建构来说，同样可以从构成要素入手，了解其涉及的具体层面、特性，从而为进一步搭建景观设计文化内涵的表达机制打下理论基础。①

一、构成要素

对于这些文化组成的要素而言，应将其一分为二来看待，一为形式层面，一为内涵层面。内涵需要借助形式得以表达，形式是文化内涵的载体和表达媒介。当二者合理结合以后，也就成了文化符号，即能够表达文化内涵的景观作品。这样划分基本结构的目的，是为强调形式背后的语义，景观不仅是具有一定审美价值的实体要素，更是承载了特定内涵的文化符号。

景观设计中形式层面的要素凭借美学表现引人感观，它们是实形和可见的。首先，它是设计师与受众建立文化沟通与对话的媒介，设计师借以表达创作思想，受众则借以愉悦感官并品读其内在意义；其次，它是文化内涵赖以生存、借以表达的物质媒介，因此在探讨文化性的同

①成玉宁．现代景观设计理论与方法[M]．南京：东南大学出版社，2010.

时，固然也离不开这些形式表象。

除此之外，对于景观设计还有一些构成要素是无形的，它们间接地与主体建立联系，即内涵层面的语义和语境。语义即形式层面的要素（或称景观符号）所携带的意义、内涵、概念；而语境则是让这些要素所传达的意义得以被正确理解的基础，它是语义赖以生存的背景。我们需要识别出设计要素所要传达的语义，并将其放入正确的文化背景中去理解，这些都是景观设计文化内涵表达的重要因素。

景观设计作品与其他符号一样，是一个双重的统一体，具有作为表象层面的"能指"特性和作为语义层面的"所指"功能。有关能指与所指的概念，最早由语言学家索绪尔提出的。他将符号视为二元实体，"能指"是由某种物质表象所构成（说话的声音、字迹等），"所指"则是由这些物质表象所涉及的概念所构成。建筑理论家查尔斯·詹克斯认为，建筑设计中的能指主要包括形式、空间、表面、体积等，它们具有韵律、色彩、质感、密度等超分割性；另外还包括感官的体验，展开而言就是听觉、味觉、触觉、动感觉等。所指意即起到支配作用的意念或意念群，主要包括人们的生活方式、价值、功能、美学意义、空间概念等。

例如，园林广场上的座椅，其物质形态就是能指，而我们看到这一形态就知道它有座椅的功能，而这功能性就是其所指。再如，日本枯山水园林中，沙子、石块是能指，或者说它们体现出符号的能指特性，其所指则是暗示大海中的航船或是苍茫大地中漂浮不定的游子。这就是符号的所指特性，区别于前面的例子，后者是以象征和隐喻的形式传达语义的。景观设计中的能指主要包括形式、空间、时间、细部和人的体验等，设计师可以尽情陶醉于这些能指的表象内容，它们往往能带给人最直观的感受。所指则包括深层的文化追求，如美学含义、功能、象征和隐喻、哲理等思想和概念。具有文化内涵的景观设计作品，就是利用了恰当的手段，将作品的能指与所指合理地契合，以物质层面的能指传达出蕴含文化语义的所指。

要想正确理解一个要素的含义，我们必须将其放入所属的文化背景中去，任何一个要素都不能独自存在，它必定产生于特定的环境并赖以生存。“语境”是语言学术语，又称为“文脉”，《英汉大辞典》和《汉语词典》将其解释为句子的前后关系，即句子各词组之间的理论关系以及事物的背景及周围环境的情况等。它用以说明文学表达中的一个词语或是人们所说的一句话，是不能仅仅通过分析个别词句或是语法去理解，而是要将其放入所属的背景中去分析。例如，当我们用一个褒义词去形容一个正面人物或事例时，其语义必然是积极的；而当它被用在某个反面人物或事例时，它就具有了讽喻的意味。又如，当我们在嘈杂的环境中与同伴交流时不得不大声说话；而在一个安静的氛围中，大声说话则可能暗示某种特殊情况的发生。

景观设计作为特定语义的载体同样依赖设计语境而生存，会在不同程度上受到来自时间或时代、地域文化、社会背景及价值观等语境的影响，并也因此获得特殊的含义。文化语义的表达深受语境的制约，只有将设计作品放回酝酿其产生的文化背景中，才能正确领悟其所要传达的特定内涵。

另外，语义和语境之间的协调、合理匹配，也关系到对作品解读的成功与否。因为，景观设计属于“语境依赖型”的艺术性活动，其不同于“代码依赖型”的科学性活动，而对“代码”的依赖程度越是降低，对“语境”的依赖程度就越高。由此看来，作品语义的开放程度与对语境的依赖程度成反比，即越容易被解读的、表达较为直白的作品，其受语境的影响就越弱，因为无论它所处的环境如何，人们都很容易明白作品的意指，故不易产生理解上的误差与杂音。反之，作品的形态或功能指向越模糊和不明确，欣赏者就更依赖作品语境去解读其文化内涵。因此，在设计过程中，易产生歧义的作品应注意语境的暗示、旁白作用。而对于直白表述的作品，则可以通过增添语境的抽象性、模糊性，使作品更耐人寻味和具有艺术品质。在解读某个具有开创性的作品时，大众还没有熟悉新的文化代码，此时就需要借助语境去准确理解设计作品所要表达的文化含义。

二、生成机制

景观设计的本质可以被看作是一种语言符号现象，那么文化表达的过程实际上就是基于符号要素的信息传达过程。因此借鉴符号学的源起理论也是符号学结构框架的基础组成——语言学中有关单词如何构成词组、词组又如何构成句子这样逐层深入的语法规则，来理解景观设计要素的编排规则及景观作品内在文化意义的表达机制。

语言学家诺姆·乔姆斯基在20世纪中期首次提出"句法"结构的重要性，并将其用于研究人与外部世界的某种深层联系。他说，我们每个人都有天生的能力来理解人与外部世界之间的某种基本关系，并将这种关系描述为"深层结构"，但他没有对深层结构下定义，也没有研究人的认知能力。乔姆斯基更关注于深层结构这一关系的生成过程，他选取语言符号学作为切入点，认为正是一些能够生成句子的词语及其组织规则，即"句法"，构成了这复杂的结构关系。

景观设计也正如一个句子的生成过程，同样需要一套适当的句法规则将设计要素进行合理组织与安排，一个设计、构造或景观的格局和结构是对无穷变化的基本要素进行组织的结果。"句法"告诉我们，字母构成词汇，词汇构成词组，词组构成句子，一个完整的表达是由构成要素依照特定规则组合而成，其更强调句法之规则特征，以及依照不同句法（例如不同语言中的句法）会产生的多种组合方式。那么我们既然关注的是文化表达的研究，这就涉及对语义转换过程的了解。语义的表达并非仅通过句法组构和要素组合来完成，还需要借助"转换"过程才得以最终完成。那么这种语言学中的转换规则，对于景观设计文化内涵研究的意义表现为以下方面。

第一，它帮助梳理了文化表达的途径。通过转换规则，蕴含特定文化意义的深层关系，可以被转换为文字、声音或形式等表层内容，即抽象转换为具体，概念转换为形式。抽象的关系可以通过逐层的"转换"表达出来，且更加具体化、具象化，这也是语言符号学最核心的意义，即符号的意指性。同理，景观设计的文化表达也是逐层转换的过程，通过对表层形式关系的塑造表达深层的文化内涵。例如，中国古典园林善营造“以物比德”，如将松、竹、梅比喻为“岁寒三友”，因其清秀素洁、迎霜雪而不凋，故常将其植于园中用于咏志抒怀，象征园主人的高洁品格。在这里，园主对高尚情操的追求（深层关系）通过植物（表层关系）表达出来，这种非语言的艺术化表达更加意蕴深远。植物在此成为文化表达的符号媒介，同时也就具有了文化性。

第二，形式背后的关系、文化意义才是最重要的部分。当然，景观设计相对语言学又有所不同，因为它的形式要素生来就具有实体性和审美价值，哪怕最小的元素可能都具有重要的形式表现力。在景观设计的文化表达过程中，要素都承担一定功能，含有特定语义，它们通过转换程序并依照特定的句法规则被编排、顺接，继而形成一个能够表达完整语义的景观符号。当我们迷惑于一个作品所要表达的文化内涵时，可以由表层关系入手，由形式捕捉文化脉络，从而使复杂语言简单化。当我们不知如何在设计中清晰表达某个文化语义时，可以从塑造最细微的设计要素做起，遵循一定的设计句法，让艺术形态逐渐呈现出来。在这样的转换过程中，文化语义得以清晰表达，语言学中所谓的“人与外部世界之间的某些基本关系”也在一定程度上有所呈现。这种深层关系在景观设计中通过人与文化对话而得到深度诠释，人的价值观的挖掘，文化语境的营造以及设计者与观者的交流借助设计文化的媒介功能得到全面建立，景观设计也体现出其特有的文化传达的社会属性。

值得注意的是，仅仅依靠句法规则、语义转换等基本的结构范畴，并不能满足于从文化视角分析景观设计的每个形式，设计师也无法单凭一些机械的理论、模式和框架来“搭建”一个好的作品。正如现实生活中对语言的运用，很多时候并不严格遵循句法规则，而且不同时代也有特定的语言表达习惯。显然，借用语言学规律建立的景观设计文化内涵的表达模式，在现实应用中还需要发挥设计师的能动创造性，根据不同的场合和情境制订有效的设计策略。

因此,各种理论模式只能给我们提供一个普遍的结构范式、一个基本的理性思维框架,这个框架整体并不会随时间的迁移而轻易改变,它是对事物内部结构的显现,并提出具有前瞻性的建议,但构成整体的各个部分却始终具有潜在的运动趋势或者说二次转换的潜力。例如近年来涌现很多面向未来的设计思考,就是这种规律的体现,当然我们毋庸置疑这些科幻情节能够变成科学事实,而应该关注如何从乌托邦般美好的幻想中找寻新的发展方向。因此,句法和转换规则生来就蕴含着诸多未知的文化代码等着人们去发现,景观设计就是在不断发现、排斥、接受与淘汰中不断演进,而作为骨架的句法与转换结构就像是夜海中的明灯,给予摸索前行的船只以明确的指引和方向。

三、语义传输

在景观作品中,各种设计要素经过特定的句法,转换规则被编排为承载一定文化语义的形式符号,只是完成了文化传达的主体部分,其丰富的含义能否经由景观作品在设计师与观赏者之间通畅、准确地传递相互的审美情趣与评价标准,是支持这种传达机制有效性的重要保障。

景观设计在当代展示了自然与社会两个领域的动态变化,为人们在世俗生活中把脉社会动向、建立文化依托提供了良好的平台。于是乎,一处园林中的空间布局、密林或空地的设置或是广场中的公共艺术主题,都向外界透露着一定的文化信息,生成强烈的场所气氛。这种景观塑造中的语义因素,无论其对空间语汇的选择,象征的承载还是意义的表达,都需要对景观要素进行正确的编码与解码,最大程度上完成作品意义与人的审美体验的心理连接。

建筑符号学家勃罗德彭特在阐述建筑符号的语义表达时,引用了电话工程师的"信息渠道"概念来帮助建立表达体系。景观设计也可以借鉴相对成熟的"信息渠道"机制,尝试建立一套程序化的、完整的文化语义传达模式。

"信息源"即设计师脑中的思想、概念、意义等特定语汇,这些抽象思维借助某种"句法"对设计要素进行编排,使其符号化,从而诞生了景观作品。景观作品因为承载着特定的文化内涵而成为具有能指与所指双重意义的符号,即构成了信息传播的“渠道”。继而,景观作品的用户或欣赏者,充分调动视、听、嗅、触、味等感官去阅读、感受和品评作品,这就是“接收”的过程。最后,受众直接或间接地将对作品的感受和看法反馈给设计师,由此完成了整个文化语义的传输过程。

关于设计概念如何经由句法的加工、编排而生成景观作品,还需关注一下作为文化语义的接收者——受众,是如何感知景观作品从而完成语义的“接收”过程。景观是一种三维的空间艺术,受众对景观语义的感知主要源自两个层面:一是对景观空间形式的感受,二是对景观设计中深层空间关系的认知。前者通过形状、色彩、肌理和光影的变化给予人直观的视觉冲击,而后者则是在人脑中建立具有符号性的空间结构关系。

对于景观空间形式的感知离不开我们的感官,即基于视、听、嗅、触、味的空间交流,亦即“知觉”。知觉属于浅层认知,由此形成人们对事物的形状、尺度、色彩、质感和相互关系等空间表象的认识。同时,瑞士心理学家让·皮亚杰另外指出,人类对于环境的认知除了“知觉”以外,还包括“图式”。“图式”属于深层的认知层面,包括接近、分离、继续、闭合、连续等定位关系,它区别于“认识”(物理世界的)和“知觉”(直接定位的)而具有普遍性和相对恒常性,因此是更加稳定的空间认知体系。继皮亚杰建立了基于图式的内与外、远与近、分离与结合、连续与非连续等空间认知手段之后,美术史家富莱引入“路线”和“目标”的概念,林奇提出了空间设计的五要素,舒尔茨则进一步提出了“存在空间”的概念,认为“图式”空间的构成包括:中心——接近关系、方向——连续关系、区域——闭合关系等。以上学说都是对于空间“图式”研究的延续,并致力于如何使其更具象化,更利于参与设计方法的探讨。

景观设计的文化语义借助三维空间而表达,通过浅层的知觉感受和深层的图式认知,给予受众某种审美体验。人们穿梭其中,在头脑中形成经由系列景象剪辑而成的整体意向,无论是联觉特征的塑造、场域的界定与围合、景观功能的完善，还是对场所意向的阐释，都在不同视角、距离和接触方式的变化中搭建了多层次的感知渠道和场景，从而形成基于个人经验的景观认知。感受空间形体空灵的变幻、关注景观纹理的细微表现，既能满足人们感官的需求，同时能提升文化表达的层次而使作品具有吸引力。

设计师在赋予作品以空间形态、特定文化内涵时，应该考虑到受众的普遍接受能力，即公共信号库的范围。双方的共通语言越多就意味着作品被理解的层面越广、程度越深，则语义信息的传输越有效，景观作品的文化表达的意义也就能真正得以实现。

景观作品的文化表达应遵循的原则如下。首先，应避免过度陶醉于技术术语的玩弄，晦涩难懂的专家术语易与公众产生沟通的隔阂。如若必须体现某些独特理念时，应辅以旁白和注释，以免受众如坠云雾，产生歧义和不解，导致文化信息无效传输。例如中国古典园林中常借助对联、牌匾、诗文等形式，对园林景物想要表达的思想进行点题。位于杭州的“鱼乐园”泉水明净，水中鱼儿畅游，除了观泉赏鱼以外，并未体现出些许文化内涵。而当抬头一看，“鱼乐人亦乐，泉清心共清”的对联跃然眼帘，点示出园中景致实际上是对《庄子·秋水篇》中“子非我，安知我不知鱼之乐”这一典故的再现，指引人们达到领略美景忘却尘世的超脱境界。其次，若想表达具有针对性、特殊族群的非正式语汇时，也应充分考虑与大众口味相调和。例如摩尔设计的新奥尔良市意大利广场，对意大利传统文化符号的借鉴和对新式材料与丰富色彩的运用，既考虑到了美籍意大利人的特殊文化背景，又兼顾了其他接受者的文化品位，成功地融合了正式层与非正式层的文化，使语义的表达恰到好处、引人共鸣，从而赢得广泛的好评。

四、意蕴激发

具有文化意蕴的景观设计，是一个饱含着主体情感的客体形象。这种情感并非独属于某种个人的情感，而是设计师对各种人类情感的认识并掺杂了个人的经验和理解。人类的快乐、悲伤、希望、恐惧、理想、憧憬……各种丰富的情感都被艺术化地包含于设计之中，引人为之悸动。而追求视觉和形式表现的景观设计作品，虽然也颇引人关注，但那是因为它的奇特和新鲜感，而非能带给人心灵上的感动。具有文化意蕴的景观作品，并非仅仅是调动人们感知的视觉形象，还是作为一个浸润着情感的艺术性表现与人们产生内心的共鸣。设计出具有文化意蕴的景观应遵循的原则有以下几个方面。

（一）景观设计情感融合

情感本身是一种抽象的、不具形式的心理状态，但借助景观符号可以将它反映出来并加以艺术化。景观设计对于情感的表达不同于语言、文学，而是像音乐、舞蹈、建筑等抽象艺术一样，借助能指的视觉符号传递创作者的情感，引发观者心灵的悸动。景观设计师约翰·西蒙兹认为，通过对形体、色彩与材质、光线、声音、气味等景观元素的塑造，景观空间可以用来表达以下情感：紧张、松弛、恐惧、欢乐、沉思、动感、崇高的敬畏、不愉快和愉快。它们被融入景观实体的营造中，给予其以独特的情感魅力。在景观设计的发展历程中，经典的设计案例几乎都不乏这种空间的感染力，如法国古典园林诠释出对权力和人性尊严的崇拜。

因此，情感的融入是景观设计获得文化意蕴的重要因素之一。一个景观作品所呈现的文化韵味越浓，也就意味其设计者对于景观与人、景观与社会文化之间的关系有着很好的理解和感知。这种感知力，或许源于自身经历的磨砺，这也是生活赋予的；或许源于专业的修养，是热情与理性的融合。于是，当面对一块有待设计的土地时，其所携带的文化基因——那些历史所沉淀下来的散发着艺术灵性、凝聚着相互交织的社会脉络与哲学隐喻，都强烈地感染着设计师，使其产生了一种感动、珍视，从而引发情感上的共鸣。

（二）景观设计秩序建立

景观设计中的空间结构如同建筑空间一样，也具有统一与多样、均衡与动态、间断与连绵、单体的凸显与群体的韵律等特性，构成了丰富的空间形式与关系。在不同结构秩序的交错中，景观设计的主题如同一幕幕场景被有层次地演绎出来，各种形式的变化与呈现都涵盖在总体的结构框架之下，形成了简单或复杂、排斥或包容、单一或复合的空间品性。不同主题、风格背景下，景观设计所遵循的空间逻辑性也存在差异并形成自身的形式语汇。具有古典设计风格的作品，往往热衷规则的几何和对称的轴线，一种沿用了几千年，可以追溯到毕达哥拉斯哲学体系的形式美法则。位于卢浮宫与协和广场之间的丢勒里园林、巴黎近郊的凡尔赛园林都是古典园林中的瑰宝。

自然风景园、中国古典园林和以流畅的曲线为特征的现代园林，则彻底摆脱古典主义规则的教条去组建浪漫的空间画境，虽然没有运用几何化的人工图案来比拟征服自然的力量与人性尊严，却也凭借一份疏朗、自然的形式美感表达出回归本真和对平和心境的文化追求。如北京颐和园空间规划，其布局天然具有翁山坐北、西湖莅南的态势，园林的营建首先进行了大规模地形整治，将湖面向东拓宽，真正形成坐山面水、湖波浩渺的疏朗格局，并刻画出一条虚隐、统领全局的山水纵轴线。其次，纵向架设西堤与支堤，将湖面划分为三个水域，形成湖面聚中有分的统一格局，尤其是西堤的斜向搭建，形成北阔南窄的形状，增强了透视感而使湖面更显深远。在东扩湖面的过程中，保留沿岸的龙王庙形成南湖岛，另建治镜阁、藻鉴堂二岛与之相呼应形成湖中三大岛。同时又设置知春亭、凤凰墩和小西泠三小岛，共同构成传说中“海上仙山”的格局。这些元素的设置既与北面主山遥相呼应，也打破了水山平铺横列的单调构图，形成山外有山、湖山交互辉映的丰富层次和空间意蕴。景观设计中对于空间形式与关系的塑造，都于自然而然中表达了特定的文化取向，正是有赖于这些具体的形式语汇和抽象的结构搭建，景观设计作品获得一种特殊的意蕴，折射出更深层的文化内涵。

（三）景观设计时空统合

景观设计作为人类文化实践的一个特殊层面，在设计与表达的过程中必然包含对时空观的反映。无论对于设计师还是受众而言，时空概念都被牢牢嵌入我们的潜意识，在不经意之间就被融入文化表达之中。我们对它总是怀有特殊的情结和感悟。或许设计表达的手法与内涵会由于不断更新而改变，但对于时间这一概念的永恒性及其关乎我们生命意义的体悟则永远驻留人们心中而不会轻易改变。景观设计不同于文学和诗歌，并非在具有意指性的文字符号间流露对于时空的感悟，而是借助三维视觉形象连接过去、现在与未来。

有关时空的思考主要体现在两个方面——现在与过去的关系（历史性的）、现在（包含过去）与未来的关系（前瞻性的）。首先，现在与过去的时间关系意味着对历史性因素的再现或追忆，目的并不是去钻研历史，而是寄寓于解释那些永恒的迄今仍然具有生命力的东西。现在与过去通过记忆的形式而链接，它是一种复杂的认知和识别过程，充满主观意识因而很难做到完整与客观。正如德国哲学家卡西尔所说："我们不能把记忆说成是一个事件的简单再现……它与其说只是在重复，不如说是往事的新生；它包含着创造性和构造性的过程。"这种依靠记忆支撑的时间关系，可能是对历史上某个特定景观格局的纪念，或是对传统的修正并赋予其新的内容。

在景观设计对于时空意识超前的展现中，对生态性的关注、对区域人文景观的保护与延续，融入了全球当下语境，引发设计师从不同角度探讨人类未来的生存问题。英国著名园林设计师伊恩·麦克哈格和他的《设计结合自然》最先作出表率，给予景观设计学科一种有别于画境风格唯视觉表现的新的发展方向。其他设计师则从价值观念与发展策略角度提出有效的生态化建设的举措，例如见缝插针地利用城市袖珍空间建造公园、营建动植物保护栖息地、优先利用可再生资源和提倡可持续的消费观等，都是致力于如何改善人类生存环境及关乎未来的筹划。在这一趋势下，景观设计师开始致力于如何将以往侧重视觉表现的景观设计与生态技术手段进行融合，以寻求具有技术含量的景观生态设计工艺。例如城市屋顶绿化技术，废弃材料与可再生资源利用等技术以及特定污染区域的生态恢复手段的研究，都表明人们在可持续理念下与大自然善意相处的意愿。当代景观设计在这种双向延伸的时空维度下，既眷恋着过去，又踌躇于未来，这种时空性因素必然成为景观设计一个永恒的主题。

第二节 景观设计文化内涵的物化途径与方法

基于符号学理论对景观设计文化语义表达过程进行解析，其生成机制、语义传输以及更高层面意蕴升华三个主要环节，为本节探寻文化内涵的物化途径与方法提供了切入点。其中涉及的景观要素与空间语汇的选择、组织（设计）规则的制订，传输中的变量控制、意蕴激发的场景营造等内容，都可以作为介入点产生新的视角与设计方法，经转换成为具体的设计手段。

源自艺术、社会、生态和哲学的多维文化内涵，也能因循相互间的关系而建立紧密的联结，并通过"形与意"的耦合表达、"情与景"的秩序建立、"意与境"的统合处理等物化途径而得以表达。这里需要强调的是，艺术、社会、生态和哲学这些多维的文化维度，虽都有各自的基本结构与价值取向，但它们也相互联系而绝非互不相干的任意创造，而是相互交织着共同向前发展，是人性圆周这一有机整体的各个组成部分。因此，建构针对某一文化维度的物化途径与方法确实颇显牵强，并且违背人类文化发展的整体观。下面提出的三种景观设计文化内涵的建构方法，将这四个维度视为一个整体来考虑，是对它们的综合体现。

一、"行与意"的耦合表达

景观设计文化内涵的表达是一个物化的过程，借助具象的"形"来表达抽象的"意"。只有形、意耦合，才能有效表达设计意图，并给予受众愉悦的景观感受。具体的表达方法包括运用夸张与浓缩的"立象尽意"，运用抽象、比喻与借鉴的"意蕴延伸"，运用再现与重释的"语义诠释”和营造虚远与幽隐意境的“情境交融”。它们亦如同语言学中层层递进的句法规则，是景观设计文化内涵表达的句法与组构原则，其具体表现手法如下。

（一）夸张

夸张的设计手法可以理解为要素编排过程中的尺度转换，能指与所指并没有建立直接的、基于常规的对应关系，而是经过一个转换的过程或者说是一个基于尺度变化的创新过程，与受众建立了对话关系。这种尺度的变化主要涉及景观要素的高矮、宽窄、大小、深浅等相互关系的比较。反常理地夸大或缩小尺度会使人们对事物的尺度经验发生偏移，作品惯有的功能、美学特征全部消解，转变为极具陌生化和强烈视觉冲击力的艺术符号，在给予受众全新视觉体验的同时也深刻诠释着某种文化语义。例如美国波普艺术家克雷斯·奥登伯格的景观作品“衣夹”，将原本只有几厘米的日常用品按照1:1的比例放大为高13.7米的巨型景观构筑物，受众在阅读作品的瞬间绝不会产生作为生活用品的功能性联想，而会迷茫于以往对雕塑概念的审美定位或是产生空间尺度的错觉。“衣夹”一方面暗示了人类的渺小无知，另一方面也提醒人们应该怀有一颗谦卑的心。这种深刻的文化隐喻被植入到极度夸张的景观媒介之中，通过形象与体积对比产生的强烈反差而形成，于诙谐、怪诞中带来心理上的陌生感，从而引发人们的多义性解读。

（二）浓缩

浓缩是文学创作中的常用手法，于狭小的篇幅中展现一个宏大的场景。在景观设计中，应用浓缩的手法对特定的主题的概括、提炼和符号化的表现手法是很常见的。例如，历史时代的空间或文化等，可以通过提取主要的空间结构和意义并运用到实际场景中，赋予作品强烈的历史关联性以及现实性意义，从而提高作品的艺术感染力和思想维度。应用浓缩这一文化建构手法，首先，应去粗取精，将某个主题或场景中具有鲜明特色的文化要素提取出来；其次，运用象征、比喻等符号性手段将其融入景观实体之中，继而经过语义编排、整合，最终在有限的空间场域内营造出相对完整的文化语汇或场景，达到立象尽意的深邃意蕴。

（三）抽象

任何事物都有其潜在的“本体”，在抽象的艺术手法出现之前，人们关注的往往是本体的外貌特征，而抽象艺术则是挖掘本体中深藏的内在结构，以揭示事物的普遍性与规律。它抛弃了具象的审美意义表达，不再沉迷于（抑或说被束缚于）对物体外在形象的模仿、复制，而是学习像舞蹈和音乐一样，借助抽象语汇表达自由而丰富的语义。正如法国新艺术运动画家奥古斯特·恩德尔所言：“在这种艺术中，图中形体什么也不是，什么也不代表，也引不起任何回想，但它却与音乐相类似，能够产生同样丰富的感情效果。”按照恩德尔的说法，音乐来自作曲家的心灵，但它却创造出一种情绪和氛围，乃至在我们心灵中引起对形体和颜色的联想。画家心中的形体和颜色，尽管可能并不代表可以辨认的实体，但它被画上画布时，却可以产生臻于完美的意蕴表达。这也正是抽象艺术的魅力所在，即徜徉于精神层面的哲理与情感的审美价值。①

以抽象手法表达意蕴的景观作品，常运用简单、纯净的几何形体辅以现代材料和工艺制作。在一些特殊场合下，也结合网格系统将这些要素整合为具有重复韵律的空间序列，因而具有三维性、节奏秩序、原色运用以及与空间直接联系等表现特性。由此可以看出，无论多么抽象的情感都要借助实体符号表达出来。关系的思想依赖于符号的思想，没有一套相当复杂的符号体系，关系的思想就根本不可能出现，更不必谈其充分的发展，只有当这些深刻的内在结构、机理被进行了成功的语义转换，并能被受众正确解译时，它们才真正获得自身存在的文化意义。

美国现代景观设计师彼得·沃克的作品就体现出对抽象手法的精彩驾驭。例如德国慕尼黑机场凯宾斯基酒店园林的设计，他将黄杨绿篱、栎树等原本为自然形态的景观元素都修剪成规则的几何体，重复布

①郑阳，郑明. 景观艺术设计[M]. 济南：山东大学出版社，2011.

置于两个互相交叠的网格平面中，给予观者在视点和方位上的理性参照和体验，也表达出沃克对古典园林和现代艺术的热爱。

（四）比喻

比喻作为另一种意蕴延伸的方法，广泛运用在文学、哲学和艺术表现之中，在不同的语义要素之间建立沟通与联系。希腊建筑理论家安东尼亚德斯认为，比喻是不同的主题、概念或物体间的相互转换，通过对比或引申的方式，从一个新的角度来诠释和阐明我们所考虑的问题。他将比喻分为三种类型：基于视觉或物质特性的“可感知类”（又称“直译”），以特定概念和意义为创造着眼点的“不可感知类”，以及将概念和视觉因素相互重叠的“二者相结合类”。景观设计也常运用比喻的手法，以一种明了或隐含的方式在形体和空间塑造中植入历史或现实中经过转换的情节而给予作品耐人寻味的意味，从而增加艺术作品的审美趣味和文化内涵。

例如德国汉堡的“中国船运大楼广场”，运用夸张、抽象等塑形手法绘制了充满活力的浪花图案。该案例在确定自然主题以后选择直译的表达手法，依靠视觉上的冲击力来营造主体与喻体间的联系，既直观比喻了水的妖娆与蓬勃生机，又与周边语境产生较好的呼应。位于瑞士温特图尔市的“罗森博格墓园”则运用非直译的设计手法，以一座“交流泉”将整个墓园联系起来。泉水从高处的泉台引到低处十字形的水桌，最后安静地汇入看不见的地下涵渠中。水源于土地，最后又重归土地，深刻隐喻了一个生命的轮回。这一比喻手法的运用，无不体现出对逝者灵魂最为高雅的追悼。

由此可以看出，景观设计中相对隐晦、不可感知的比喻手法比直译更具深度和想象空间，但往往也会产生表达的歧义与含混性，故而应辅以旁白或暗示来加强设计信息传达的准确性。因此，概念性较强且与视觉形象联系紧密的比喻，往往更利于景观文化的沟通与表达。例如纽约的“泪珠公园”，园区南部中心绿地的设计，将“泪珠”的形态直观地融入景观塑形中，简单、直接地表达出深刻的纪念意义，人们不需过多解读就能领悟到公园的纪念含义。公园设计运用常规的比喻手法,通过大众所熟悉的视觉形态表达抽象的纪念主题,使喻体更为直白生动而非晦涩难懂。

(五)借鉴

景观设计中,对于其他艺术领域的借鉴可以增强作品的独特性和深刻的文化内涵,可以在现实世界的约束与头脑的框架之间创造一段距离,如果人们想要富有创造力或者创造出独特的、有意义的作品,就应该在这片空间里进行创作。西方早在古希腊时期就发现了音乐的和音与弦长间存在的和谐比例关系,并将其用于雕塑、绘画、建筑等艺术领域,表现美的比例与韵律。中国则将对万物有灵的文字崇拜融入古典园林的建造中,凭借中国文字的"形美、声美、义美"三美兼具的特点,直白表达了人们对生活的祝愿和憧憬。

借鉴手法在景观设计中涉及的层面非常广泛,既包括时间艺术、语言艺术,也涵盖了视觉艺术领域。景观设计中对其他艺术门类进行美学思想与创作手法的移植、互融,能够帮助审美主体唤起心灵的共鸣,引发通感,这在某种角度而言也是一种设计模式的创新。

二、"情与景"的秩序建立

景观设计对于文化意味的追求,既有赖于形与意的耦合表达,也需要获得情与景的井然有序。具体方法包括搭建具有统率力的文化主题、合理的空间逻辑与秩序,以及运用清晰而艺术化的叙述手法来引导景观场景的建构。景观设计主要从以下几个方面进行"情与景"的秩序建立。

(一)主题营造

具有鲜明主题的景观设计,可以将诸多设计要素包含在一个共同的主线下,既给予每个要素与部分施展个性表现的空间,又使其在相互的情境关联中呈现出整体的协调。相反,缺少文化主题或是主题性模糊的景观作品,往往流于肤浅的形式玩弄,文化内涵欠缺或令人不知所云。在丰富的城市生活场景中,这种依托设计主题的方法往往表现在多个层面:古典园林中的哲学主题绵延了上千年的历史,成为百试不厌的手段;文学中的诗情画意、亘古的神话传说,以及对人的心灵进行神秘召唤的宗教,也可以成为设计主题的来源;在社会的不断更新中,现代性带来的个性缺失使得景观设计的风格变得虚无缥缈,由此产生的诸如地域性、场所感或强调个性化表现的语境,也都为当今景观设计的主题定位增添些许新意;面对当下生态危机与日渐恶化的城市综合征,生态的主题则日益受到追捧。这些古老的或者新生的议题,在不同设计时空中都依次登台,寻找到自身的定位,并借助一定的文化建构手法使自身的表现力更具文化层面的深度和发展潜力。

(二)场景叙述

景观设计是一种动态的美的连续,而非凝固的风景画拼贴。在时空的连贯与变幻中,强调序列、叙述与体验的意味,包含时间于自身,于主题的牵引中充分展开对三度空间的文化品质与存在方式的描绘。因此,在关注文化主题设定的同时,也要考虑在主题渲染下的时空序列的搭建,将进行了主题渲染的景观元素、片段、节点串联起来,从而构成具有特定情节的叙事形式。

(三)空间逻辑构建

景观设计对场地功能、特质的挖掘,对形式语汇、语义等基于特定文化背景的结构搭建,除了运用主题牵引和起到穿针引线作用的叙述手法以外,还需借助一些理性的空间塑造手法使得整体形态易于被人们感知。空间逻辑与秩序作为具有统率力的设计手法,能给予景观设计在形式塑造、情境渲染等方面内在的合理性,并贯穿于设计始终,从而最直接地引发受众对设计作品的兴趣和愉悦感。如SWA设计的“伯纳特公园”就充分运用了这一精练的形式语汇,园中以纵斜向交错的网格作为道路系统,统领包括草地、矩形水池和入口处带有马蒂斯作品的浮雕墙等空间元素。除了在视觉感知上将多样而具有独特性的景观元素整合为一,网格也因为自身的强烈理性易于营造宁静、沉思的氛围,表明对极简主义美学抛弃感性表象、追求自然本真的前卫探索。在“琦玉空中森林广场”的设计中，以阵列的200多棵光叶榉树搭建了空间网格，由于具有均质性、数量众多和尺度上的平平，网格在此并非主角而是作为一种背景，衬托着场地中心的建筑物、下场广场和草坪。网格由此带有一定的模糊性，仿佛于土地中生长出来并与其合而为一，人们穿梭其中无论在哪个视角都能感受到这些榉树的存在。均质、看似毫无个性的网格却因此成功塑造了广场浓重的个性和意向。

三、“意与境”的统合处理

景观设计的主导原则是整体性，将多重景观要素通过有机的组合和设计获得统一性或是分明的空间层次结构，并且在材料色彩和质感上协调一致。更重要的是，通过对活动场所和路线的合理安排，将有意义的文化符号装饰和整合在景观空间序列中，获得设计的秩序感和场所的整体特征。正如亚历山大所说：“有一种我们称之为秩序、整体或一体的现象。这些现象是判断世界上那些造物正确与否的唯一准则。”

（一）文脉关联

景观设计应该充分考虑对目标地自然生态环境和历史文脉的反映、再现以及解释，就像文脉起到构建文本框架的作用一样，这些因素对作品的文化构成起着重要的作用。在景观设计中，与文脉相联系意味着形式塑造层面的契合，除了符合基地特征之外，更注重文化内涵的延展，即表达出对“义”的理解的设计作品。形式并不是唯一关注的重点，文化的保留、赋予甚至再生才是设计中最鲜活、最引人注目的关注点。

（二）语意呼应

景观设计中的文化主题、场景序列和要素的组织方式等要相互协调，相互呼应，通过构建不同层次的方式，使文化的内涵具有主线性及连贯性，形成具有整体性的、鲜明的整体脉络。其中，无须着重于各部分的刻画，而应注重在相互衔接的同时与整体契合的空间构造，贴近

"整体大于部分之和"的系统整体观,避免杂乱无章的表现形式,最终获得主题突出、具有文化艺术内涵的景观艺术作品。

(三)时空交叠

德国哲学家费尔巴哈曾言:"空间和时间是一切实体的存在形式。"空间构成物质形态广延性的并存序列,时间则形成物质形态持续性的交替序列。景观设计应该在时间与空间的相互交织、整合中逐次展开,使空间中的景观元素融入瞬息万变的时间序列,以时间的动态美衬托空间中的视觉符号,从而获得"美景"寄于"良辰","良辰"衬托"美景"的时空交叠与互融。中国门类艺术美学教授金学智先生在《中国园林美学》中,将园林的时空美划分为两个部分:其一是体现春夏秋冬四时变化的"季相"景观美,其二是体现朝暮昼夜和风雨雪月、烟雾云霞的"时景"景观美。季相与时景都是自然界和宇宙的运行规律在人类社会及其文化层面上的投影,将四维的时间因素纳入三维景观空间的表现之中,使人们能够于景观符号中体味四季、时分和气象带来的瞬间凝固的时空之美,从而获得自身与自然界的相互融合与对话。

景观设计中往往包含大量的植物元素,应在设计中考虑植物生长与衰败的生命周期,这也是景观设计所具有的独特时间性。其不同于建筑对于结构、屋面的加固、修补,而是针对具有生长与繁殖力的生命体进行定时、定期的维护与长久的设计考虑,是设计师持续几年、几十年乃至几代人需要不断精心照料的长期工作,由此保证景观设计总能呈现出最完美的一面。因此在设计中,应该充分考虑到景观这一独特的时间性,既要营造当下的美感也应对其加以理性的规划。

临时景观对于城市发展的整合力越来越备受关注,其设置机动灵活,艺术表现力强,对于高效利用城市空间具有亟待开发的潜力。临时景观产生的原因首先在于城市长期规划的延迟,即在面对未来发展中各种可能性时的不够确定,临时景观便成为缓解现状、有效利用一些暂时搁置有待开发的土地的极佳手段,对城市发展以高效的时空整合,有些地方甚至将临时景观项目作为推动城市发展的重要催化剂。

第三节 景观设计语言

在人类学会用语言描述自己的故事之前,就开始试图阅读自己生活的自然,自然成为人类最早的教科书。虽然不同时代、不同学科的背景之下,景观内涵的解释具有复杂、多样的特性,但是自然都是原初的景观,自然界的各种现象和要素都是自然的语言。人生活在自然界中,人与自然融合的场所也是另一种景观,包括物质、空间、个体感知、群体文化心理等内容。图式语言、文字语言、数学语言等语言形式的产生就是人类为了描写这样的场面。从某种层面上说,景观也是一种自然语言和人类语言重叠的产物,包括语言中的词和结构,如形象图案、结构、材料、形态和功能等。

一、设计语言的发展

语言学是19世纪末20世纪初才产生的,主要研究对象是思想,即认为思想观念是对事物的本质认识,语言是表达思想观念的符号和工具。语言的功能是表达生活和情感,是传播思想的工具、媒介、载体、形式。设计语言也是人类的一种交际工具,是人类表达、传递设计思想的符号和工具。设计语言不具备语言的声音外壳,只包含语汇和语法两个体系。设计语言可以有很多种:程序设计语言、建筑设计语言、园林设计语言等。

(一)建筑设计语言的发展

建筑设计语言的研究开始得早,进行得深入。从“建筑是不是语言”这一命题出发,很多学者提出不同观点。主要有三种观点:建筑类比为语言,建筑是语言,建筑不是语言。

19世纪末到20世纪初,符号学奠基人瑞士语言学家索绪尔也用建筑来解释语言的问题,建筑中的柱式、横梁都是符号,构件间的关系可以是句段关系、联想关系等。20世纪70至80年代,关于建筑语言的研究非常活跃。有人按照建筑发展时代的顺序深入展开研究，如古典建筑语言、现代建筑语言、后现代建筑语言等。也有人将建筑语言归纳总结，得出模式语言、图像语言、空间语言等。这一时期的研究是借鉴语言学的概念和方法，指出建筑语言是可阅读的文本。①

20世纪60至70年代是建筑理论发展的鼎盛时期，关于建筑语言的争论也喋喋不休。约翰·萨姆森的《建筑的古典语言》充分肯定了古典建筑中的柱式、比例等语言，在现代建筑泛滥的时代，回味了古典建筑语言。布鲁诺·赛维的《现代建筑语言》(1973)与萨姆森针锋相对，他批驳古典建筑不是一种语言，现代建筑语言才是从历史中走出来的普遍规则与方法。赛维强调功能、不对称、时间性等现代建筑语言。

(二)景观设计语言的发展

景观设计语言与建筑设计语言类似，只是景观设计是在19世纪才产生的，因而其发展历史短暂，但可以参照语言学和建筑学的研究方法，建立完善的设计语言体系，拓展景观设计思维，提高设计方法。景观语言大会是较早研究景观语言的，新西兰林肯大学先后于1995年和1998年召开了两次会议，研究了景观语言中叙事、隐喻手法的运用，也探讨了景观设计实践和理论中景观语言的作用。对于景观语言的研究，有从设计语汇和语法出发的，有从美学语言的角度探讨景观设计语汇在建筑、城市中的作用的。景观语言研究主要体现在两个方面：一方面运用语言学的研究方法，从景观语言的含义、特征、景观元素、文脉、景观空间的组织法则以及景观语言的运用，多个角度论述了景观语言的特点；另一方面从设计师个人设计的语言出发，研究设计思维的理论根源，总结设计师善于运用的经典词汇和语法规则，并从设计实践作品的角度挖掘深刻含义。

二、景观设计语言方法的研究

在景观设计语言的研究中，学者段亚鹏、王克林等人使用相关软

①林玉莲，胡正凡．环境心理学[M]．北京：中国建筑工业出版社，2006.

件，在800m、1600m、3200m、6400m、12800m五个尺度上分别对水田、旱地、林地、草原、水域、建筑用地和未利用地的七种景观成分进行了相关研究。在海外，通过利用谷歌地图将数据和重新扫描的航拍视频整合到湿地浸水动态图中，监测湿地对气候变化和人为变化的敏感程度，并将其表现为浸水动态。2014年学者现场调查研究、文献研究、综合应用了经验总结语言学和其他跨学科的研究方法，将设计语言的理论应用到后工业景观实践中，构建了后工业景观科学的词汇语法—景观研究系统，这种结合多种研究方法的研究方法也成为一种趋势。

目前，景观设计语言的研究在研究方法上有很多专家和学者进行了创新，但专业的景观设计语言的研究还很少。可以通过组成多个学科相互融合的课题组的方式，深入挖掘传统文化，突出地域性和时代性语言，重视景观的功能性语言与形式，材质语言的融合，以及突破现有研究以定性描写为主要核心思想，开展相关的专门研究，从而起到促进相关研究的发展的作用。

三、景观设计语言类型

在传统符号学研究领域，包括皮尔斯在内的美国哲学家、逻辑学家、符号学的相关学者，将符号分为三种类型，分别为图像符号、指示符号、象征符号。以此也可以将景观设计语言划分为景观图像性语言、景观指示性语言、景观象征性语言三大类型。

图像性语言也叫做相似语言、肖像符号，而在景观设计语言中，利用模仿的方式进行刻画和设计，使其形式与内容之间有关联性的关系就是景观图像性语言。从某个角度看，景观形象语言能够赋予景观特定的教育含义。

实地考察各种景观实体，如景区指示牌、导向牌，它们不仅兼具信息传达的功能，而且在空间上也构建了游客与场所交流的桥梁，我们将这种形成观众与景观交流体验的景观设计语言类型称为景观指示语言。对于设计师而言，通过对景观指示性语言的运用，可以使得各个景观与游客间形成交流对话。

承诺属性结果的语言类型称为景观象征语言。所涉及的对象及相关意义的获得是以时间为基础,是由多个人的感受共同产生的联想。

设计语言的产生是促使各种景观实体产生具有个体特征的语言符号、景观语言和文本的主要原因。因为不同类型景观设计语言的产生与存在,可以让人们在全新的层面上全面且深入地理解景观,理解景观的意义,同时为景观设计师与公众之间的沟通和理解搭建桥梁。

第四章　现代景观建筑设计

第一节 现代景观建筑设计的概念界定及特点

建筑作为人类社会经济、文化发展的产物，是现代社会文明的标志，其产生与发展贯穿于整个人类社会发展历程。良好的景观建筑设计，不仅可以突出建筑的个性和特色，还可以协调空间环境的整体形象。因此，如何构筑当代景观建筑是值得深入探讨的。

一、现代景观建筑设计的概念界定

（一）景观

“景观”的概念在各个领域有着不同的理解，使用非常普遍。在英文中景观是“Landscape”，这一单词最早出现是在16世纪后期，用来描述北海的填海造田，最初只有地区、土地的意思。随着荷兰风景画的发展，逐渐在艺术上有了特有的意义，成为一种特定的、针对自然的观赏方式。16世纪晚期，“Landscape”一词随着荷兰风景画传入英国语言中，被赋予了“描绘大地风景的绘画”的含义。而在18世纪以后，英国的设计师直接或间接地将风景画的主题及造型运用到设计中。

20世纪初，“Landscape”一词被景观规划师和设计师重新定义，往往指的是“如何创造一个好的场所”，开始赋予这个词一种可评价的意义。20世纪英国最重要的景观和规划理论家帕特里克·格迪斯还赋予景观以乌托邦的意义。他认为：“对自然这种总体的看法，出于对她的秩序和美的保护性建造,不仅仅是工程上的,它更是高明的艺术,比街道规划更广泛,它是景观创造,因此它是和城市设计结合在一起的。"在这里,景观和土地使用首次联系在了一起。英国环境设计师麦克哈格1968年在《设计结合自然》一书中,也将景观扩展到宏观的区域范围加以考虑。而迈克尔·霍夫在1984年出版的《城市形态及其自然过程》一书中指出:"为了寻求对城市生态系统和自然资源的管理,需要在土地利用中建立一种联系,从而规划一个'多功能'的景观。"在他们的影响下,西方国家对景观的认识,逐渐从关注私人生活空间转向关注公共空间,从整体生活空间发展至城镇发展环境,甚至全球性的范围。

对于景观概念的确定,目前学界解释为区域土地及土地上物体所表现出的空间构成特征,这是人类在复杂的自然活动过程中在大地上留下的痕迹,同时作为三维空间综合艺术品,通过人工构建手段组合而成的山水地形、植物、建筑结构是具有多种功能的空间艺术的实体。[①]

景观是最后的存储库,是绝对保护区生物多样性的缓冲带,也是人类土地利用历史和遗迹的证据。

(二)建筑

建筑的含义比较宽泛,可以理解为营造活动、营造活动的科学、营造活动的结果(构筑物),是一个技术与艺术的综合体。原始社会在与恶劣的自然环境做斗争的过程中,用树枝和石块筑巢建造了建筑物,躲避风雨和野兽,开始了最原始的建筑活动,形成了最原始的建筑。我国古代著名哲学家老子在他的著作《道德经》中写道:"凿户牖以为室,当其无,有室之用。故有之以为利,无之以为用。"意思是建筑是容纳人们生存的空间,这与现代主义"建筑是人类活动的容器"的思想不谋而合。

建筑需要技术支撑,同时又涉及艺术特征。我们把功能、技术、形式称为建筑的三个基本要素,即实用、经济、美观。建筑的基本属性可概括为建筑的时空性、功能性、工程技术性和经济性、艺术性以及社会

①范昭平.现代景观建筑设计理论教学探析——评《现代景观建筑设计》[J].新闻与写作,2018(01):113.

文化属性几个层面。建筑具有实体与空间以及空间与时间的统一性，这两个方面组合为建筑的时空属性。而在功能性方面，是以满足功能需求为首要目的，如住宅首要的目的就是供人居住。具体来说需要满足诸如人体活动尺度的要求、生理要求、使用过程以及使用特点的要求等。同时，建筑设计师还必须要考虑到经济层面的问题，包含建筑结构与材料、构造、设备和施工等。当然作为景观建筑而言，建筑虽然是一个使用的主体，但对其艺术性的要求有相对独立的特性，设计者应该细心揣摩，灵活运用多种规律，例如，变化与统一、均衡与稳定等。

（三）景观建筑

在景观场所中，可以起到标志性作用的建筑被称为景观建筑，在具有标志性作用的同时也具有景色的双重意义。景观建筑有与环境以及文化相结合、节约能源、艺术造型美观、注重协调性等多种特点。目前的学术理论界所使用的“景观建筑”多取其广义的含义，也就是，景观建筑还应该包括与建筑物密切相关的室外空间和周边环境、城市广场、建筑小品及公用设施。景观建筑的狭义概念，所指的内容是“景观中的建筑”。

景观建筑设计专业教育在中国还处于起步阶段，对相关专业概念的理解尚未形成共识，专业的意义和外延要在学习外国先进经验的同时，结合实际国情从专业教育理论和实践的角度进行研究。

随着西方景观建设活动的历史发展，意大利文艺复兴园林景观、法国规则式园林景观和英国风景式园林景观对西方园林景观艺术产生巨大影响。在现代园林景观登场之前，这三种主要园林景观艺术流派在西方园林舞台上大放光彩。尽管各个时期的景观设计活动的规模大小、形式形态、内容设定等在不断演变，但对于景观的名词描述一直沿用至今，例如，中文中的园林、庭园、造园、造景、园林师、园丁，以及英文的名词 Garden、Gardening 以及 Gardener 等。

19 世纪后期，Landscape Architecture 一词由美国建筑师奥姆斯特德在设计纽约中央公园时提出，也有学者认为是苏格兰的艺术家 G.L 梅森在一部名为《意大利杰出画家笔下的风景建筑艺术》的著作中提出来的，这个词有很多种译法与理解，分别为“景观建筑学”“造园”(日本)、“风景园林”“景园”等。虽然在专业名称的理解上主张各异，称呼有别，但是对比中外有代表性的论述，对专业内容的理解是基本一致的。在一个工业化、城市化和生态环境危机严重的时代背景之下，Landscape Architecture与Landscape Gardening的交替，是具有里程碑意义的，这不仅标志着与传统园林的分裂，也标志着景观建筑的新生。

景观建筑学既强调人类的整体发展，又将自然资源及环境的可持续性作为重点，不仅强调与生态学的融合，在具体设计中更深层次地体现可持续发展的理念和以人为本的设计观。

(四)建筑与景观的关系

建筑与景观是构成空间环境的主要实体与空间要素，二者如同一个硬币的两个面，唇齿相依、共融互生。在城市系统环境整体设计中，建筑设计与景观设计应以城市设计为指导，进行一体化设计。建筑、景观一体化设计的基本要求是具备“建筑是景观、景观是建筑”的意识。在部分区域建设中，由于景观设计相对于建筑设计具有滞后性的特点，因此，景观设计中的建筑意识就格外重要。

1.建筑本身即为景观

建筑不但要为人类提供舒适的居住条件，同时作为空间环境的主要实体与空间形态的构成要素，其本身就是一种景观元素。因此，在进行建筑单体设计时，不仅要考虑建筑本身的功能性，同时要以外部空间形态为指导，将其作为整体环境景观的一部分，进行整体设计。

任何建筑都处在某个特定历史条件下的景观大系统中，并具备一定的景观属性。出色的建筑设计往往是从建筑物自身出发，将建筑物与周围的自然环境巧妙结合，通过提炼、表现、强化所在地域的景观特征、场所精神，使其同周围环境一起构成一道亮丽的风景线。这样的景观建筑与场地相呼应，并从场地中自然生长，而不是削弱场地和环境。它们利用地形每一个有利方面，对自然生态与气候给予充分考虑，并反映到建筑设计中。

此外,在进行建筑设计时,应以整体的思维将相关事物有机地结合起来,既考虑它们作为景观元素时的观赏角度与距离,同时也要考虑使用者身处其中时,能够欣赏到的景色。如此,建筑就不会成为“场地中的独角戏”,景观也不会成为“水泥块中的自然”。

2. 景观即为建筑

从现代“景观城市主义”理论出发,景观位于建筑与城市的深层次,建筑以此为背景,最终整合为其构成要素。在具体的景观设计中,应注重景观设计风格与建筑设计风格的协调统一,使两者相得益彰。在目前的城市景观建筑设计中,由于设计阶段的相互脱节或其他因素,常常会出现景观形式与建筑风格差异甚大,甚至格格不入的问题,如在规划设计中,采用在“欧陆风情”的风格中夹杂中式的景亭,叠石理水,景观与建筑的风格反差令人感到混乱、费解;在植物设计中,缺乏对建筑体量、色彩、质感等形式因素的考虑,植物景观难以与建筑交互辉映。因此,在景观设计中注重与建筑的协调统一是保证空间环境整体性的有效方法。

景观建筑是现代景观理念、方法和文化背景相结合而形成的对建筑设计的新的审美方式和创作手段。当代城市整体设计不仅仅是建筑的景观意识、景观的建筑意识,同时更需要一个能够保证建筑、风景园林两个专业能够及时畅通并进行交流协商的运作模式与管理机制,从而从根本上实现多方位、多学科的设计协作与有机整合。

二、现代景观建筑设计的特点

随着时代的发展与科技的不断进步,景观建筑表现出以下特点。

(一)形式与要素趋向多元化

景观建筑设计中最引人注目、最容易理解的是以现代面貌出现的各种设计元素。现代社会为设计师提供了比以往更多的材料和技术手段。现代设计师提供了光与影、色彩、声音、质感等形式元素和地形、水体植物,可以将原建筑和结构物等形体要素自由地应用于景观建筑和园林环境的创造。

（二）现代形式与传统形式的对话

借助于传统形式与内容，以创新使设计内容与历史文化背景联系起来，提升认同感，满足审美情趣。

（三）科学技术与现代艺术相结合

意大利建筑师奈维认为技术与艺术的综合体就是建筑的本质，美国建筑师赖特也认为建筑是可以通过结构构成来表达思想的，这些论点都强调了建筑不仅是一个艺术品，更是需要技术支撑的。长期的社会实践证明科学与艺术的最高境界就是浑然一体的共融与互补，能够体现为一种永恒的美。现代景观建筑作为实用性艺术，本身需要各方面的知识与技术的支撑，也注定要受到不断发展的现代科学技术的极大影响和制约。

（四）景观建筑与生态环境结合

全球环境恶化和资源短缺使人类认识到对自然掠夺性开发和滥用的后果。不断变化的可持续发展战略为社会、经济和文化带来了新的发展思路。绿色、生态与环境友好型景观建筑不仅要强调景观绿化，而且要从设计角度出发，把改善和提高人类的生态环境和生活质量作为出发点和目标。

（五）景观建筑的景观效应与标示性

景观建筑反映了人们生活的心理层面，通过鲜明的识别特性，往往成为地区和城市的象征。造景建筑套装有助于人们对城市形象的记忆和认识，形成强调城市特性的序列化代表功能。正如美国城市规划专家凯文·林奇在其著作《城市形象》中所述，远距离、速度、无论白天黑夜，清晰可见的标志都是人们对城市有直观感受时所依靠的稳定支撑。

第二节 现代景观建筑的变迁

随着建筑产业的发展,以西方古典建筑形象出现的“欧式”风格的景观建筑与体现设计风格多元化、采用新材料和新结构的现代景观建筑越来越多地出现在景观作品中。故而全面了解中西园林景观建筑的变迁及现代景观建筑类型的发展沿革,掌握其发展脉络和设计理念,将有利于景观建筑设计任务的全面展开。

一、中西园林建筑的变迁

(一)中国园林建筑的变迁

1. 中国园林的历史变革

在我国,园林存在的主要意义是为了欣赏自然景观,满足游憩的需求,并且随着社会的发展和人们认识的改变而不断发展和变化。

我国造园始于商周,当时称之为囿。商纣王“益收狗马奇物……益广沙丘苑台,多取野兽蜚鸟置其中……”;周文王建灵囿,方七十里,拥有非常丰富的动植物资源。囿也叫游囿,在最开始时就是把景色秀美的地方保护起来,用来供帝王狩猎的场所。在我国现存的珍贵文化遗产敦煌莫高窟的壁画苑囿亭阁中,可以看出早在汉时,我国就已经拥有可以建造大面积、大规模的,较高的造园技术与能力。

随着时代的发展,在魏晋南北朝时,社会经济繁荣,文化昌盛。在这样的大背景之下,士大夫阶层对自然环境的追求形成了普遍风尚。在中国文学史上,非常有名的《文心雕龙》《诗品》《桃花源记》等许多名篇,都是这一时期的优秀产物。

进入了盛唐时代,国运昌盛的背景之下使得宫廷御苑设计也越发精致,特别是石雕工艺,例如,禁殿苑、东都苑、神都苑以及翠微宫等,宫殿雕栏玉砌显得格外华贵。而在宋朝,特别是在用石方面有较大发展。其中,最具代表性的宋徽宗的绘画,尤其喜欢把石头作为主要对象。

在中国古代园林设计史上，明清时代无论理论层面或是实践层面都达到了园林设计的顶峰时期，具有明显超越前代的辉煌。在社会稳定、经济繁荣的大环境下，给写意自然园林提供了很多有利的条件，其中，皇家园林创建以清代康熙以及乾隆时期最为活跃，例如圆明园、避暑山庄等；而在私家园林的建造上，以明代建造的江南园林为主，例如拙政园、怡园、上海豫园等。在创作思想上，虽然对唐宋时期的创作源泉进行了延续，但是无论是审美观或是园林意境的创造，都是运用了小中见大、壶中天地等具有创新意义的创造手法。

在这个时期，中国园林精美的设计以及多变的造型和充满自然性的园林作品，在世界园林设计享有崇高的地位。①

在世界园林史中，中国园林对外的影响也是很明显的。在7～8世纪对日本产生了一定影响，又在18世纪远传欧洲，引发了英、荷、德、法等国家的园林设计者的仿效。因此，中国园林被冠以世界园林之母的称号。

（1）中国古典园林设计特色

中国古典园林设计特色体现在以下几个方面。

第一，注重自然美。地质水文、地形地貌、乡土植物等元素构成的山水景观类型，是中国古典园林的空间主体的构成要素。第二，适宜人居的理想环境。追求理想的人居环境，营造健康舒适、清新宜人的小气候环境。第三，巧于因借的视域边界。不拘泥于园林范围，通过借景扩大空间视觉边界，使园林景观与外面的自然景观等相联系、相呼应，营造整体性园林景观。第四，空间组织曲折多变。呈现动静结合、虚实对比、引人入胜、渐入佳境的空间组织手法和空间的曲折变化，形成丰富的空间景观。第五，追求诗情画意。中国古典园林追求“诗情画意”的境界，常常通过匾额、刻石、书法、音乐等形式表达，从而使园林的构成要素富于内涵和景观厚度。

①郑旭航．现代景观建筑观景设计研究[D]．北京：清华大学，2014.

(2)中国古典园林在不同角度下的分类方法

第一,根据园林基地的选择和开发方法的不同,分为人工山水和天然山水园林两种类型,其中人工山水园被誉为我国园林发展中出现的美的境界中种类最高的园林。天然山水园多建在城市附近的山野风景区。

第二,根据所有者的身份和所属,包括王室园林、私人园林和寺院园林。

第三,按地理位置则分为北方、江南以及岭南类型。北方园林,因受宽广的地域条件影响,建筑尺度也偏大,同时,也因自然气象条件的局限,园林内部、河川湖泊、园石和常绿树木都不多,秀丽不足但也具有一定的地域特色。而在南方,与北方不同的是,南方的人口较密集,地域范围小,又因自然元素较多的原因,园林景致更为多变,且给人较细腻精美的感受。岭南类型园林具有热带风光,建筑物都较高而宽敞的特点。

2.中国古典园林建筑

建筑作为人文景观与山、水、植物自然景物一样都是造园的主要要素,但是它的景观效应远远要大于其他要素,因此在园林里往往成为"点睛之笔"。中国园林建筑形式之多样、色彩之别致、分隔之灵活、内涵之丰富在世界上独树一帜。其形式主要由环境布局需要所决定。

亭:"亭者,停也。人所停集也。"亭是供人们停留聚集的地方,具有高度灵活性,开敞而占地少,造型变化丰富。在设计时,"随意合宜则制",即可以随自己的意思,并适应地形来建造,是园林里应用最多的建筑形式。廊:"廊者,庑(堂前所接卷棚)出一步也,宜曲且长则胜。"廊是从庑前走一步的建筑物,要建得弯曲而且长,"或蟠山腰,或穷水际,通花渡壑,蜿蜒无尽"。廊的主要作用是划分空间,增加空间层次,是联系园林空间要素的主要手段,有很强的连接能力。榭:"榭者,借也。借景而成者也。或水边,或花畔。制亦随态。""榭"字含有凭借、依靠的意思,是凭借风景而形成的,具有灵活多变的特征。舫:指以船的造型在湖中修建的建筑。厅堂是居中向阳之屋，取其“堂堂高大宽敞”之意，常被用作主体建筑，给人以开朗、阳刚之感。楼：“重屋曰楼”，从外观看上去排列整齐，与堂相比结构形式相似但却高出一层。阁：“阁者，四阿（坡顶）开四牖。”也就是四面皆开窗的建筑，由于四面开窗的建筑结构，显得更为轻灵，得景方向也更为广泛。斋：“斋较堂，唯气藏而致敛，有使人肃然斋敬之义。”和堂相比，斋具有聚气而敛神，使人肃然起敬的特点。为此常设在与外界较为隔绝的地方，所以不要太高大，以免过于突出。馆：散寄之居，曰“馆”，是以提供暂时寄居的功能为主的建筑，原指官人游宴的场所或客舍。在馆的类型上，南北具有一定的差异性，江南园林中是较为幽静的会客之所，北方园林里常为供宴饮娱乐用。轩：“轩式类车，取轩轩欲举之意，宜置高敞，以助胜则称。”轩具有地势高、有利于赏景的特点，所以在轩的设计上，要求周围有较开阔的视野。

出现在园林中的建筑名目还有很多，如门、室、坊、塔、台等，这里仅列出上述几种。在今天很多名称的含义已经发生了变化，也不像从前那样明确了，如斋、轩、馆、室都可用来称呼一些次要的建筑。

（1）建筑外形上的特征

中国古代建筑外形上具有由屋顶、屋身和台基三个部分组成的共性特征。在外观上显示出与世界上其他建筑迥然不同的外貌特征，这是将功能和艺术高度结合而形成的。

根据建筑风格的不同屋顶的设计有各自的特征。常见的屋顶形式主要有硬山、悬山、歇山、庑殿、卷棚以及攒尖顶共6种形式。其他还有十字脊顶、盝顶、草顶、穹隆顶、圆拱顶、单坡顶、平顶等。还有少数民族如傣族、藏族等的屋顶也颇有特色。

（2）建筑结构的特征

中国古代建筑主要是以立柱和横梁组成构架，一栋房子由几个间组成，一个间由四根柱子组成，屋顶和屋身部分的骨架为木构架结构。屋顶部分也是利用类似的概念重叠，逐层缩短、加高，以柱上承檩，檩上排椽的主要形式构成骨架。整个建筑的重量都由构架承受，而墙不承重。正如“墙倒屋不塌”所说，这就是木构架的特点。

(3)建筑群体布局的特征

中国古代的建筑，如宫殿、寺庙、住宅等，一般都是以单一建筑组合的形式布置的。这种建筑群体的布置，除了受地形条件或特殊功能要求的制约外，在形式上也有一定的共性。也就是，主要建筑物和次要建筑多呈对称的布置，以院子为中心，每个建筑物都面向院子，通过廊子连接各个独立的建筑，而建筑群四周利用围墙围绕。这类建筑全体布局形式广泛地运用在我国古代建筑群上，例如故宫、明十三陵。

(4)建筑装饰及色彩的特征

中国古代建筑装饰细部大部分都是在梁枋、斗拱、檩椽等结构构件上经过艺术加工而发挥其装饰作用的。在建筑内部，通过对工艺美术、绘画、雕刻以及书法作品的运用，强调了中国传统民族风格特点。而在建筑外部，对于色彩的使用也是多种多样的，如宫殿庙宇的建造中，黄色琉璃瓦顶，朱红色屋身，檐下用蓝绿色略加点金，再衬以白色石台基，通过多样的色彩应用，使建筑物更显得富丽堂皇，使得我国的建筑有了属于自己的特征。除此之外，彩画也是我国建筑装饰中的重要部分，所谓“雕梁画栋”正是形容我国古代建筑这一特色。这一特色在明清时期最为常见，常以和玺彩画、旋子彩画和苏式彩画的形式，在檐下及室内的梁、枋、斗拱、天花及柱头上可见。

(二)西方园林建筑的变迁

1.西方园林的历史变革

(1)古埃及园林

公元前3000多年，古埃及在北非建立奴隶制国家。尼罗河沃土淤积，形成了适合农业耕作的自然条件，但其余部分都是沙漠地带，这就促进了古埃及人的园林对绿洲作为模拟对象的刻画。除此之外，尼罗河每年涨水，退潮后要测量耕地面积，因此发展出了几何学并用于园林设计。

(2)巴比伦悬空园

在公元前6世纪的巴比伦,亚述以及大马士革等西亚的广大地区之上,也存在过多样的优美景观艺术。例如,新巴比伦王国雄伟的都城,由五组宫殿组成的城市华丽壮观,尼布甲尼撒二世在这里为他的王妃建造了“空中园林”。根据考证,这个园林是由高度不同的层组合而成的像剧场一样的建筑物。用石拱廊支撑起各个层,将拱廊架在石墙上,拱下设计有房间,将泥土覆盖在台层上种上花木,利用设置在顶端的装置给植物浇水,从远处看,仿佛悬置于空中,宛如仙境,成为世界七大奇观之一。

(3)古希腊园林

古希腊通过波斯学习了西亚的园林造景艺术,逐渐发展成了以四方形走廊为宅内布局规则的形式。古希腊园林大体上可以分为三种:宫苑园林、柱廊园林和公共园林。

宫苑园林多选择山清水秀、风景秀美之地,例如,建在蒂沃利山谷的哈德良山庄。在城市的住宅四周以柱廊围绕,园林中散置水池和花木,结合自然的形式就是古希腊的柱廊园林。而公共园林则是在体育竞技场上修建起来的。以在体育竞技场上遮阴为初衷逐渐开辟为林荫道,考虑到绿植的维护问题,逐渐形成装饰性的水景,这些自然因素与体育竞赛优胜者的大理石雕像相互结合,通过设置座椅的形式,使人们不仅能参与到体育活动中,也可以成为一个休闲、游览的场所。

(4)古罗马园林

古罗马继承古希腊园林着重发展了别墅园和宅园两种形式。别墅园修建在郊外和城内的丘陵地带,包括居住房屋、水渠、水池、草地和树林。别墅园林里的柱廊上爬满了常春藤,水渠两岸缀以花坛,上下交相辉映,美不胜收。宅园大多采用柱廊园的布局形式,具有明显的轴线。各家族的住宅都被四方形的园林包围,沿着周围排列客厅,园林的边界是一排柱子走廊,柱子走廊后面与客厅相连,在园林中间有喷泉和雕像,四周有整齐的花木和葡萄篱笆,走廊内的墙面上画着生动的林川或花鸟，具有利用人的幻觉达到拓宽空间的效果。

（5）中世纪园林

公元5世纪罗马帝国崩溃，直到16世纪，史称“中世纪”，整个欧洲都处于封建割据的自然经济状态。当时，除了修道院、寺院和城堡式的园林外，园林的建筑几乎完全停滞不前。寺院园林在基督教会或修道院的一边，包括果园、菜地、养鱼地和水渠、花坛、药田等，布局自由且没有定式，有的庭园在中央筑土山，建造整座建筑物，便于欣赏城外田野的景色。

（6）意大利园林

意大利庭园造景主要指文艺复兴和巴洛克的园林造景艺术，是对古罗马时代的园林造景艺术风格的继承与延续。意大利园林艺术成就斐然，在世界园林史上占有重要地位，园林风格的影响来自法国、英国，甚至涉及德国等欧洲国家。意大利园林的主要特点是空间形态几何学，处处以数与几何的关系控制着整个园林的布局。意大利园林的美在于其所有要素和其间的数与几何关系的协调，因此整体结构清晰，均衡几何的树木排列整齐，各种元素对称排列，形状、大小、位置都统一，成为整个意大利园林魅力的源泉。

（7）法国园林

17世纪，意大利的文艺复兴式园林传入法国。原野繁多的法国人没有完全接受意大利园林的风格，而是将中心轴对称、均匀的定延式园林布置手法运用到平地园林中，形成了法国特有的园林形式——勒诺特尔式园林景观。在气势上，强于意大利庭园，追求对称和平衡。园林的各部分有秩序，突出人工的几何形态，绿化、水面多呈几何形态。勒诺特尔园林总是把宫殿或住宅放在高地上，在建筑前面延伸笔直的林间道路，其后面是园林，外围是森林园，指向荒凉的郊外。富尔威公宅园林和世界著名的凡尔赛宫殿都是极负盛名的代表作。

（8）英国园林

14世纪以前，英国的园林主要模仿意大利园林。从14世纪开始，英国建造的庄园转变为追求大自然风景的自然形式，并对后来的园林传统产生了深远的影响。17世纪，英国模仿法国凡尔赛宫，追求几何规整，出现了清晰的人工雕塑，将官邸庄园改造成法国园林模式的园林。18世纪受浪漫主义思想和中国园林思想的影响，英国引进中国园林、绘画和欧洲风景的特色，探索本国新的园林形式。他们在园林中反对人工式的造园活动，而追求曲折、变化，富于很深的哲理感，提出了自然风景园式的园林。英国园林大多数以植物为主题，在植物栽培丰富的条件下，利用自然地理、植物生态群落的研究成果，以生物科学为基础，营造了多种人类自然环境。之后发展了不以特定风景为主题的专类园区，如岩石园、高山植物园、水景园、沼泽园等。这些专业的园林对自然风景有很高的艺术表现力，对园林艺术的发展有一定的影响，邱园便是其中的杰作。

(9)日本园林

园林特色的形成受到日本当地人民的生活方式、艺术趣味以及地理环境等因素的影响。在日本，早期园林是为防御、防灾或实用而建造的，随着时代的发展，日本园林受到了来自中国文化，也就是唐宋山水园林的影响，开始注重观赏、游乐的重要性。后又受到日本宗教的影响，逐渐发展形成了日本所特有的“枯山水”，具有精致小巧的特点。通过模仿大自然风景，将景观特征提炼，形成尺度较小的、注意色彩层次的自然山水风景画。因此说，日本园林是自然风景的缩景园。

2.西方古典建筑

古希腊是欧洲文化的摇篮，恩格斯曾经做过这样的评价：“没有希腊的文化，就不可能有欧洲的文化。”作为希腊文化的一部分，古希腊的建筑艺术取得了巨大的成就，它的一些建筑形制、石质梁柱结构构件及其组合的特定艺术形式、建筑和建筑群设计的一些基本原则和艺术经验对欧洲2000多年的建筑史产生着深远的影响。

古希腊建筑对后代影响最大的是寺庙建筑中形成的非常完美的建筑形态。长方形的建筑主体用石柱包裹，形成连续的围廊，柱子、梁枋和两坡顶的山墙构成了建筑物的主要立面。经过数百年的演化，这种建筑样式达到了非常完美的境界，支架、柱子、屋檐等各部分的组合有一定的格式，叫做柱式。

公元前5世纪古罗马建立了共和国，在一系列扩张战争中取得了地中海的霸权。巨大的财富集中，无数奴隶的劳动，建立了古罗马帝国的高楼大厦，古罗马城市到处耸立着豪华的宫殿和寺庙、雄伟的凯旋门和纪念柱。

拱券技术是罗马建筑的特色，古罗马继承了古希腊的柱式艺术，并把它和拱券结构结合，创造了券柱式。古罗马人发明了由天然的火山灰、砂石和石灰构成的混凝土，在拱券结构的建造技术方面取得了很大的成就，全国各地建造了许多拱桥和长达数千米的输水道，古罗马的万神庙拱顶直径达43m，充分显示了古罗马工匠的高超水平。此外，古罗马的建筑师维特鲁威还编写了《建筑十书》，对建筑学进行了系统论述，其中包括对古希腊柱式的总结。

法国、英国、德国、西班牙等其他欧洲国家也学意大利建造豪宅或宫殿。但一些建筑师在古典建筑造型中过于执着于几何比例和数字的关系，将其视为金科玉律，古希腊、古罗马在建筑中追求所谓的永恒之美，发展成僵化的古典主义和学院派，走上了形式主义的道路。

二、现代景观建筑的缘起

工业革命给社会带来的变化是巨大而深刻的。从19世纪开始，随着社会财富的急剧增加，人们的审美概念也随之发生了变化，这一时期兴起的西方现代艺术和各种艺术运动对建筑的影响也不容忽视。现代艺术是后期印象主义画家中的三位领军人物，即法国画家塞尚、高更和荷兰画家凡·高，他们分别创造的前所未有的艺术世界，直接引发了20世纪初现代主义的变革和发展。

塞尚用色彩的造型改变了传统透视法的艺术变形和对几何秩序的强调，以艺术的抽象代替了客观的具象，从根本上动摇了传统美学的价值基础，开创了“为艺术而艺术”现代形式主义美学之先河，因而他被称为“现代艺术之父”。

造景建筑作为一种特殊的建筑形态，与其他建筑不同，它服务于人们的精神，受使用功能的制约较小。因为它服务于同一种精神，与艺术的相通性很强，因此在形式上景观建筑容易受到艺术的影响，进而使艺术在生活中扩展。

（一）立体主义与景观建筑

立体主义是20世纪的前卫运动，它对后来的艺术流派都不同程度地产生了影响。立体派首先出现于绘画，然后进入雕塑和建筑。立体派绘画产生于1908年，繁荣于20世纪20年代。创始人是移居法国巴黎的西班牙画家巴勃罗·毕加索和法国画家乔治·勃拉克。立体主义绘画的主要特点体现在多视点与不规则几何化及形体间的穿插三个方面，着重研究对形体的处理，而色彩的表达则相对被忽略了，他们所关心的核心问题是怎样在平面上画出具有三度乃至四度空间的立体形态。

由于景观建筑相对于其他建筑具有弱功能性和非功能性，所以在造型与立意方面所受到的约束也较少。因此景观建筑也就有了更大的空间和自由度去标新立异，甚至可以完全不考虑使用功能的要求，而仅从在景观环境中所起的作用加以考虑。这样景观建筑就可以自由地甚至是直接地从艺术或技术中拾取观念、吸收营养加以表现。

（二）抽象主义与景观建筑

抽象是西方现代艺术的重要特征，是西方现代艺术存在的核心。抽象主义指的是那些没有明确的主题，且不造成具体物象联想的艺术形式。从本质上说，抽象艺术研究的是艺术的自律性的问题，它通过对视觉对象的解放，使视觉以抽象的形式得以表现。

对抽象艺术作出重大贡献的三位艺术大师是俄国画家康定斯基、荷兰画家蒙德里安和俄国艺术家马列维奇，他们都是抽象艺术的奠基人。康定斯基是最早奠定抽象艺术理论基础的人。他首先抛开具体的物象，提出了纯绘画的艺术主张。他强调绘画本身即是“纯粹的形式和色彩”，认为抽象艺术的内容和形式应该融为一体，形式本身就是艺术，绘画不应该有主题，不应该使人产生对客观事物的联想，而应该表现自己独特的内心感受，表现隐藏的、深邃的、微妙的心灵世界。他的抽象表现被称为“热抽象”，其特征为强调知觉和感情的内在需要，并表现为与音乐的结缘。蒙德里安和康定斯基相反，追求的不是抽象主义中的浪漫主义，而是不折不扣的理性主义。蒙德里安要使艺术成为一种如同数学一样精确的表达宇宙基本特征的知觉手段，他强调“纯粹的现实”。蒙德里安认为艺术中存在着固定的法则，所以他在绘画中努力寻找元素之间相互平衡的规律。他用直角交叉的水平线和垂直线创造基本的骨骼，摒弃所有对称，排除所有让人联想到情感或客观事物的元素，正方形、矩形、三原色以及无彩色系统构建了具有明确性和规律性的纯粹艺术造型。在这种纯粹中，只有线、面、原色的基本元素，反映了宇宙存在的客观规律。他的新造型主义被称为“冷抽象”，与建筑的亲缘关系最为密切。

马列维奇是抽象艺术中几何抽象的开拓者，他创立了艺术史上仅有一个人的画派——“至上主义”。马列维奇认为客观世界的视觉现象本身是无意义的，有意义的东西就是感觉。绘画要脱离任何映像，脱离对外部世界的模仿而独立存在。他的主要贡献在于对极简几何形态和动态线性几何关系构成方面的研究。“瑞士迷宫”是在汉诺威世界博览会上瑞士团的景观建筑，它由瑞士建筑师彼得·卒姆托设计完成。建筑师对木材的使用情有独钟，建筑主体全部采用小木方叠合而成，整座建筑没用一颗钉子、螺丝或一滴胶水。互相垂直的墙壁相互交叉形成几个三维的方格形的内院，院内有两座椭圆形的黑色的混凝土塔，分别是卖报亭和酒吧。交叉的木墙之间形成昏暗的通道，整座建筑的通道互相连通形成一座迷宫。从建筑的平面上可以明确看出抽象主义特征，与蒙德里安均衡的几何构图非常的接近，表现出强烈的蒙德里安式的抽象主义。

随着抽象派艺术的影响日益壮大，抽象的手法也越来越多地被应用，成为现代景观建筑设计的一个重要表现形式，并成为当代一种普遍的设计原则和设计理念。这也从侧面说明了当代景观建筑形态中包含大量的现代艺术成果,对于这些成果的吸收和借鉴无疑将有利于景观建筑设计的推陈出新。

(三)大地艺术与景观建筑

大地艺术以自然材料为艺术表现媒介,以田野、山川、河流为艺术创作语言。这不是单纯地模仿自然,也不是完全违背自然,就是把艺术深入到自然中去,把自然本身变成艺术作品。由于大地艺术远离艺术体系,从1968~1969年开始,到20世纪70年代中期基本消失,但它的精神和思想理念在其他艺术学派中仍然保持旺盛的生命力。

大地艺术因其将自然环境作为创作的场所,成为许多景观建筑师借鉴的形式设计语言,尤其是在艺术化地形的塑造上。比较有代表性的大地艺术作品是罗伯特·史密森于1970年在美国犹他州的盐湖里建造的一条长约500m的螺旋形波堤。以螺旋形堤坝为代表的"大地艺术"的作品超越了传统的雕塑艺术范畴,与基地产生了密不可分的联系,从而走向"空间"与"场所",因此被一些评论家称为"概念艺术"。

(四)极少主义与景观建筑

极少主义产生于20世纪60年代的美国,经过20世纪70年代的低潮期,进入20世纪80年代后又重新活跃在各个艺术领域,同时也在建筑领域产生很大的影响。极少主义艺术是指外在的形式被消减至极致,摒弃任何具体的内容、反映和联想,从而直逼形式本质的艺术。极少主义运动中有三位艺术家成为这场运动的代表人物,他们是唐纳德·贾德、卡尔·安德烈、托尼·史密斯。他们分别以其对极少主义独到的理解创作出了许多精彩的作品。

唐纳德·贾德是最著名的极少主义雕塑家,他的作品充满了一种简朴的激情。于1965年完成的代表作《无题》体现了他的这些艺术观点。作品纯净到了"有物无念"的状态。

极简主义大师卡尔·安德烈在人与自然的关系上选择了单纯、天然的形式。他的作品不做任何修饰,只是将它们摆成一定的形状铺在地上而已。作品《锌镁地板》就充分地说明了他的这种观点。他希望艺术能够成为自然的一部分,与自然共生共息而让人们难于察觉。

托尼·史密斯是由建筑界转向雕塑领域的极少主义艺术家,作品大多是黑色的空心钢雕,体现出非人格化的、几何化的特征。他将客观的事物夸张拓展成为具有拓扑品质的水平与垂直的连续体,从而创造出体积感、失衡的倾斜和形式纯粹的体面,使人们能够欣赏到这种奇特的多维度的空间实体。如他的作品《被绘的铝》中就是将铝制品经过几何化的处理后放置于空地上。

除了绘画和雕塑之外,极少主义艺术同样在建筑领域产生了巨大的影响,由于极少主义所具有的工业化倾向和逻辑化的特征使得它与建筑的风格极为接近。由法国建筑师让·努维尔设计完成的位于瑞士莫瑞特湖上的滨水景观建筑"奥德塞巨石"就是极少主义景观建筑的典型代表作品。生满铁锈的方方正正的巨大雕塑静静地漂浮在水面上,除去简洁至极的建筑本身和水色天光之外别无他物,这不仅体现了极少主义者所追求的艺术内涵极小化的理念,同时也展现出了极少艺术所独具的艺术魅力。

(五)概念艺术与景观建筑

"概念艺术"这个词在20世纪60年代首先由美国艺术家索尔·勒维特提出。概念艺术认为:一件艺术品从根本上说是艺术家的思想,而不是有形的实物(绘画或雕塑),艺术家的注意力已经从有形的实体转移到了艺术的"意念"上,这实际上是对"艺术"实质问题的一种诠释。如概念艺术的先驱科索斯的作品《一把和三把椅子》,作品旨在说明:实物的椅子可以用影子的照片来说明,实物和图形可以用词典上的定义来表示,我们的思想在接受事物时有事物的概念就足够了,事物和图景只是概念的表达方式,可以忽略不计。所以说概念艺术本身强调的是艺术概念,而不是艺术品本身。

概念艺术和建筑学的互动关系与其他艺术形态相比,是一个复杂的问题,它更多地提供了一种思考方法,这种方法同样也会对景观建筑的发展造成很大的影响。西班牙马德里的圣莫尼卡教区教堂综合体就是概念艺术运用的一个代表作品。设计的概念来自周围城市的混乱的环境。它是一栋综合性的建筑,包括教堂、教区办公室和牧师住房,建筑综合体由两个独立的体块构成,它们被连续的钢铁表皮联系在一起。建筑师将其描述为"爆炸后的瞬间被冻结",北立面雕塑般的凸起朝向光的方向,似乎是指向太阳的手。

概念艺术在某种意义上是对艺术本体的一种重新构建和重新理解,最重要的在于探讨思想成为艺术的可能性,这些观念和思想将以某种媒介的表达方式呈现出来。对于景观建筑而言,也是同样的道理,它们可能是被建造成具体实物,但也可以是无形的或者无法实施的,或者不必实施。园林景观建筑的设计无疑会通过一个新的角度来重新思考,景观建筑会成为一种生活和思考的方式,成为一种思想的锻炼。作为受到功能、材料、社会、经济、文化等多种因素制约的景观建筑,其表达设计思想的形态因素终将会因为与观念艺术的互动有新的突破和创新。

(六)波普艺术与景观建筑

波普艺术出现在20世纪50年代中后期,在20世纪60年代形成一种国际性的文化潮流。波普艺术的真正源头应是源自相对保守的英国艺术界。波普艺术的第一个特征是使日用现成品成为艺术,利用生活中的日用品,用机器生产的方式改变日用品的属性,改变人们的生活习惯,使普通日用品成为艺术品。它用世俗的物品和商业手段,使艺术完全走进了人们的生活。另一个特点是通俗题材和拼贴手法,有着"波普艺术之父"之称的理查德·汉弥尔顿创作的拼贴画《到底是什么使今日的家庭如此别致,如此有魅力?》是波普艺术的代表作品之一。波普艺术中"拼贴"成了一个重要的艺术概念,通过这种拼贴、集成,一些实物改变了原来的属性,有了新的含义,表现出了现代文明的种种性格、特征和内涵。

拼贴这种方法在后现代的景观建筑中得到了热烈的响应,历史符号的拼贴成为现代景观建筑的设计方法。美国建筑师查尔斯·摩尔设计的美国新奥尔良意大利广场,集中了后现代主义所提倡的片段化、零散化、混杂性等这些价值观念。

三、现代景观建筑的发展

(一)现代景观建筑在世界各地的发展

当代西方景观建筑的发展已经进入了一个多元化的时代。在当今世界上景观建筑发展比较快、水平比较高的国家主要有荷兰、瑞士、德国、西班牙、法国、美国、日本等。2000年在德国举行的汉诺威国际博览会以及2002年在瑞士举行的国际博览会,对世界景观建筑的发展起到了巨大的推动作用。在这两次世界博览会中分别推出了数十件精彩的景观建筑作品。如德国汉诺威国际博览会上推出的由彼得·卒姆托设计的“瑞士迷宫”、荷兰建筑师MVRDV·热特达姆设计完成的代表荷兰景观环境的六层钢结构景观作品等,这些景观建筑都凝聚了世界众多优秀景观建筑设计师的聪明才智和灵感,成为当代景观建筑的杰作。此外,比较突出的景观建筑师还有西班牙著名建筑师圣地亚哥·卡拉特拉瓦,他以设计生物拟态的表现主义景观建筑而著称;西班牙建筑师恩瑞克·密热莱斯和班那德塔·泰格勒布夫妇,日本建筑师伊东丰雄,他们以现代技术与艺术相结合为主要设计手段。这些优秀的建筑师为丰富景观建筑设计作出了极大的贡献。

美籍华人贝聿铭设计的巴黎卢浮宫玻璃金字塔,注重对文化观念和生活方式的体现,该建筑的地下部分也相应对应着一个倒立的玻璃金字塔,两者上下呼应。在白天与夜晚更替时,这一玻璃金字塔就可以明暗逆转,表达了东方的思想理念,阴阳、加减、生生不息的相互关系,将历史文化与现代文明相结合。

(二)中国现代景观建筑的发展

现代意义上的中国景观建筑设计更强调大众性和开放性,并以协调人与自然的相互关系为前提。与传统园林设计相比,最根本的区别在于现代景观建筑设计的主要创作对象是人类的家园，即整体的人类生态环境，其服务对象是与人类不同的物种，强调人类发展和资源环境的可持续性。在这个前提下，现代景观建筑创作的范围与内容都有了很大的发展与变化。除了对已有古典园林的保护与修整外，城市中各种性质的公园、广场、街道、居住区及城郊的整片绿地都大量地被建设起来。

第三节 景观建筑与环境的同构

任何建筑都处在一定的环境之中，并和环境保持着某种联系。对于景观建筑而言，建筑形式必须具备与环境良好的对话关系，因此环境性成为其突出特性。与山地、滨水等景观建筑不同，城市景观建筑的环境——城市环境，是人类对自然环境干预最为强烈、自然环境改变最大的区域，是高密度、多因素的综合环境，其最显著的特征就是高度人工化。因此城市景观建筑必须与城市环境取得积极的呼应，需要根据环境要素特点来研究建筑与环境之间的关系特征，选择建筑与环境的处理方式，构建二者的内在关联。

一、景观建筑对环境的塑造

景观建筑与民用建筑的区别在于景观建筑既是观景的设施又是被观赏的对象，具有“观”与“被观”双重属性。所以创造景观建筑的出发点是“观景”与“造景”，营造自然和舒适的游憩环境。景观建筑形象的塑造离不开景观环境，建筑与环境是一对矛盾的统一体。建筑需要环境作为它存在的依据与条件，反之，建筑也对环境产生一定的影响，促进环境的发展变化。人工的建筑作为空间环境的一部分，影响着城市及自然景观环境。因此，在创作中必须注重与环境的交流与互动。处理得当的景观建筑成为所处环境的有机部分，提升整体景观环境空间品质，反之则会破坏环境。

在进行景观建筑造型设计时,自然景观、城市空间、历史文脉均是景观建筑设计必须考虑的基本因素。通常景观建筑应满足多时段、多角度观赏的要求,将建筑体量化整为零,以不同的体量组合创造多维的形态,可消解建筑与自然的紧张关系,适应景观环境。当然,建筑的造型、色彩、体量必须服从于景观环境,景观环境的美是整体的美。此外,建筑形体的组合应以遵循自然秩序(景观环境固有秩序)为基本手法,研究拟建设区域内场地肌理,正确对待自然环境的制约,以求得建筑形体与周围环境有机和谐。[①]良好的景观建筑对环境应具有以下作用。

第一,提高景观空间的艺术性,满足人们的审美需求。景观建筑不仅要强化建筑及建筑空间的性格、意境,还要对空间尺度、色彩基调、光线变化作艺术处理,从而营造良好的、开阔的室外视觉审美空间。如印度的泰姬陵,白色的建筑与绿地、水池、喷泉交相呼应,完美协调,使其成为"世界建筑史中最美丽的作品之一"。

第二,增强环境的综合使用性能。景观建筑不仅要满足人们的审美需求,同时还要从不同角度满足人们的使用功能需求。在景观建筑周围增建雕塑、水体、花池、小品等的设计可以弥补建筑空间的缺陷,加强景观空间的序列性,提高环境空间的综合使用性能。

第三,协调"建筑、人、空间"三者的关系。优秀的景观建筑应能展现出"建筑、人、空间"三者之间协调与制约的关系,要将建筑的艺术风格,所形成的限制性空间,使用者的个人特征、需要及所具有的社会属性协调起来。

二、环境对景观建筑的影响

景观建筑应在环境的整体控制下进行设计,整体设计是把环境当作一个有机的整体,即一个局部和另一个局部是相互依存而发挥作用的。因此在景观建筑设计时,要全面考虑建筑与环境的相关元素:地标形态、水体、气候、植物等。

在建筑与环境的关系上,我国古典园林有其独特之处。在强调自

①许卫国. 当代建筑与环境的共融[J]. 建筑与文化,2018(11):15-17.

然环境的利用的同时,也不厌其烦地按照人类的意图创造自然环境的人工“造景”。在强调模仿自然的同时,并不是单纯地模仿自然,而是艺术地再现自然。建筑物的布置也最大限度地顺应自然,循着高低蜿蜒曲折,与周围的山、水、石头、树木等自然物相协调,达到“人造而天开”的效果。

因此,环境对建筑和人类心理层面的影响是非常复杂和多方面的,建筑和环境要有机融合,必须从多方面考虑它们之间的相互影响和关联性。

三、景观建筑与环境的同构

同构指通过建筑的组织与安排,融入原有环境秩序,环境与建筑相辅相成,从而实现景观建筑与环境和谐共生,融合共构。这种处理方式适用于环境秩序清晰、建筑功能较为独立的情况。根据建筑形式的内容,同构的具体设计方法主要有形体协调、风格协调、材料协调、色彩协调等。与周边建筑和环境采用相同或相似的处理手段是简单且行之有效的方法,统一的高度、统一的界面位置、统一的材料、统一的风格,都能够加强建筑与环境的关联。

山东曲阜孔府是孔子嫡系后代居住的地方,堂进式的群体建筑多是建于明清两代,式样装饰也多是明清两代之式样,因而在修建西侧的阙里宾舍时,建筑外形以灰色为主,灰瓦、灰砖、灰石,并结合孔府的传统建筑造型,整体与孔府孔庙十分协调。更进一步可以将景观建筑与环境相互延伸,通过空间的相互渗透,以完全开放的格局使建筑融入城市当中,成为城市景观的一个有机部分。

英国建筑师詹姆斯·斯特林设计的德国斯图加特新州立美术馆也是建筑与环境同构的代表。该建筑建在一个小山坡上,当地居民已习惯在此穿梭游玩,将其视为生活中不可缺少的一部分。设计师为居民保留了一条穿越博物馆的自由步道,自西侧穿过美术馆的大门。建筑师出于对城市物质环境和历史环境的理解以及对居民心理状态的尊重,通过建筑空间与街道形态的融合,成功地将城市道路引入建筑内部，使人们的习惯和记忆得以保留与延续。

同构的背后是异构。异构指景观建筑显著区别于周边环境，通过自身对环境的超越来提升环境的景观品质，重塑环境特征。这种手法通常用于环境秩序较为混乱或环境秩序平淡缺乏特色的状况，以及景观建筑的自身功能需求十分突出的情况。异构后的景观建筑在视觉上与周边环境必然存在显著差异，也就是景观建筑在某方面具有唯一性的特征，这种唯一性是从景观建筑与周边环境建筑的对比中形成的。

每一个景观建筑都是城市环境统一体中的一个要素，建筑的体量、色彩等要表现出恰当的关系，能与其他要素对话，并在与城市环境的对话中趋于完善。因此，景观建筑设计的构思首先要研究基地周围特定的物质环境和历史文脉，寻找其中蕴含的秩序，从而确定景观建筑与环境的关系模式，然后在此指导下，借助建筑体量、造型、质感、色彩，以及开放空间、围合空间的具体设计来实现。

第四节 现代景观建筑设计的发展动向与趋势

当下，以能源消耗为基础的增长模式以及信息化、全球化的发展趋势为人类发展提出了新的挑战，生态环境的恶化、城市面貌的趋同、传统文化的消失使得原本以承载休闲活动、观赏美景、提供景观为设计目标的景观建筑也必须扩大其深层次内涵，在可持续发展、传承文化及倡导创新方面有更高层次的追求。[①]

一、现代景观建筑设计的发展动向

（一）艺术化倾向

现代景观建筑的魅力不仅建立在实用性的原则上，而且也不能脱

①王睿．现代景观建筑设计教育教学的发展——评《现代景观建筑设计》[J]．教育发展研究，2016，36（19）：88．

离造型艺术的基本规律。这种倾向主要体现为景观建筑作品以某种艺术形式或艺术思想为设计主题，强调表现作品的艺术特征。在景观建筑设计中，如何构图，如何确定建筑色彩，如何表现质感与光感，如何夸张、概括与取舍等，这些艺术上的方法与技巧无疑会增强建筑的艺术感染力。

（二）人性化倾向

在当今对人性的关注逐渐提高的情况下，人性化设计思潮必将出现在现代景观建筑设计中，成为设计发展的必然趋势。现代设计是人类物质文化的审美创造活动，其根本目的是服务于人。这就要求设计师要对人类已经萌芽的需求进行分析研究，设计出满足特定社会团体需求的作品。因此，设计活动自始至终都要从主体性的人出发，把人的物质和精神需求作为首要因素来考虑。

（三）可持续发展倾向

可持续发展的设计理念是当代景观建筑发展的重要指导原则，是关于人类社会发展的新主题。它包含领域极广，具有多角度、多空间的发展理念。反映在现代景观建筑领域中，则是以提高人类生存状态为基础的，探索如何更好地利用各种资源的前瞻性设计问题，我们应该当作一种指导性原则加以应用。

（四）生态技术化倾向

生态技术化倾向不仅仅是单纯地提倡使用高新技术，而是应该把生态性作为一种设计理念贯穿在设计始终，用生态学的观点从宏观上研究自然环境与人的关系，使现代景观建筑尽量结合自然、遵循自然规律。其中包括尊重当地的生态环境，保护原生态系统；利用太阳能、地热、风能、生物能等的被动式设计策略；使用节能建筑材料，争取利用可再生建材，在建筑寿命周期内实现资源的集约并减少对环境的污染。取得建筑、生态、经济三者之间的平衡。

二、现代景观建筑设计的发展趋势

（一）现代景观建筑设计发展过程自然角色的转变

人类在自然中生存，从生存中产生文明，又从文明中重新回到对自然的认识和改造，这个过程是连续产生交替进步的。在这样的过程中随着人对自然的认识加深，态度也逐渐改变，从最初的崇拜逐步演变为向自然宣战。在漫长的改造过程中，人的生存形式从群居不断壮大，城市成为必然结果。快速城市化将场所的意义刷新和扩大，场所内的秩序被添加于自然之上，拥有了寓言式空间的特点。此时人类重新审视自然，自然与人和谐共生的可持续发展方向成为当今的发展主流。

1. 自然、人——对自然的崇拜

在人类开始逐渐发展形成长久居住的部落的同时，也是开始在大地上留下存在痕迹的过程，这些痕迹形成了最早的大地艺术品。法国南阿德切地区发现的拉斯科岩洞中发现了数以百计来自冰河时期的洞穴岩画。这些用木炭或者植物染料描绘的画作，多是栩栩如生的大型动物或打猎场景，图画中甚至描绘出了动物的吼叫、姿态和扑杀时瞬间的力量。在惊讶其艺术技艺的同时，岩石上的掌印也体现出最早人类对于空间的占有和对自然领地功能性的划分。岩画成为人类最早对自然内在力量的表示和图形划分。

2. 人、自然——征服自然

人类把神和自然空间中的某个地点融合在一起，建造出聚居、统治、膜拜的精神家园，景观以一种宗教的形式呈现。在这些意义上讲，很多这一时期的建设都是场所意义大于实用的。人与自然的关系在敬畏的同时，增加了对宗教的崇拜感和充满自信、自豪的理性力量，于是场所体现出了人的信仰、力量与智慧。

在这个快速的城市化时期，罗马帝国、雅典卫城、波斯帝国等都拥有惊人的城邦建设，和一套在当时来说相对完整的城市规划体系。以雅典卫城为例，古希腊人在建筑和城市的规划方面，和谐的几何比例、夸大的尺度、集中的轴线以及边界的界定都体现出景观精神所能表达的最高地位。雅典卫城在人类文明和社会新秩序发展基础之上产生，统治者的地位被不断标识和上升，城市的意义与统治、神权、贵权和大众之间相互交融，广场、纪念性标识也在这样的基础之上产生。

3.人与自然和谐共生

20世纪70年代美国罗马俱乐部提出一份名为《增长的极限》的研究报告，针对地球资源的有限性和开发不可持续性等问题做出了科学分析。随之而来的是风景园林规划师、建筑师、园艺家对所从事的行业重新进行全方位、多角度审视和定位。在这种情况下，生态主义诞生，其设计以“自然是最好的设计师”为主旨思想。19世纪奥姆斯特德将景观园林树立为独立学科，景观设计在拥有和被准确定位的同时，生态也成为景观的重要设计核心，以中央公园为代表的城市绿地、国家公园、林荫大道等一系列以保护、观赏为目的的城郊绿化区应运而生。20世纪初期“斯德哥尔摩学派”提出公园思想的概念，主旨是景观设计应该是生态、美学和社会理想统一。然而，真正使生态主义发展壮大的是战后飞速发展的工业化，当人们正在为经济飞速发展而欣喜的时候，环境问题却向人类敲响了警钟，使人们认识到发展应该建立在对环境尊重的基础之上。

（二）现代景观建筑设计发展过程中艺术思维的转变

时至今日，无论是现代景观建筑还是现代艺术都不再是统治阶级专属，已经逐渐成为普通大众所共同参与的内容。在这样的形势下，设计开始不断演变，各种设计思潮不断涌现，设计者和艺术家开始解放思想，努力追寻更加体现大众思想的、真正服务于大众的艺术创作。公共艺术是艺术公共化的产物，或者狭义地说是在公共空间内的艺术作品。现代综合材料作品和公共艺术作品与景观建筑艺术形式的差异已经开始模糊，追求创新的景观建筑师在现代公共艺术中得到灵感、汲取营养，甚至将景观建筑本身设定成一个整体的公共艺术作品，特别是在自然的土地上进行创作并且将自然构成作品不可分割的部分。

1. 现代艺术的公共化

从整体发展脉络来看，公共艺术与景观建筑的关系可以分为以下四个部分。

第一，从具象走向抽象。这个转变最早是从雕塑领域开始的，可以说雕塑作品走向抽象的过程就是一步一步走入景观空间的过程。最具代表性的艺术家布朗库西和亨利莫尔是具象到抽象的代表，从装饰物开始影响主体。

第二，与土地和环境景观结合，成为空间的一部分。公共艺术作品真正地从室内走入自然环境中，在大地上进行创作，将自然环境构成作品中不可分割的部分，自然、空间与雕塑有了真正意义上的密切联系。日本艺术家新宫晋的作品《风的旅人》就是这类作品中的典型代表。

第三，公共艺术作品在尺度上不断扩大。由于走进了城市的公共空间，为了配合环境尺度，公共艺术作品体积变大，在产生视觉冲击的同时引发观者思考，作品本身就达到了人能够进入或者体验的尺度。波普艺术的代表奥登伯格以及他一系列的超大尺度作品就是最好的证明。

第四，使用自然材料或者现代化材料模拟自然形态，或者直接融入天然自然的部分，在这样的发展过程中雕塑与其他艺术形式之间的差异开始模糊。位于芝加哥千禧公园的公共雕塑“云门”是由英国艺术家安易斯设计的，整个雕塑表面是不锈钢制成的，体形庞大，造型却很别致，被当地人称为“银豆”。整个雕塑表面如同一个巨大的哈哈镜反射着公园内的场景，让游客参与并与其互动。

2. 现代艺术的多元化

从印象派的色彩解放开始，艺术开始呈现出多元化的发展历程，在这样的发展过程中景观建筑的设计概念不断被刷新。对设计理论影响最为深远的是早期的立体主义、抽象表现主义和后来的新艺术运动。

以毕加索为代表的立体主义运动，分为前后两个阶段。初期阶段是1912年之前，艺术家通过对绘画结构的合理分析，空间和物的分解及重组，在平面图形上表现绘画的时间和空间结构。1912年以后是立体主义的第二阶段，通常称为综合立体主义。这个阶段色彩在绘画中起了有力的作用，艺术家们创造出一种以实物来拼贴的画面，通过这种语言，加强了整体的肌理与色彩变化，并开始向人们提出了自然与绘画中现实与幻觉的问题。虽然立体主义是在二维空间中创作的，但影响了20世纪的雕塑、建筑、园林等空间领域的设计思维方式。

（三）现代景观建筑设计发展过程中空间概念的转变

著名风景园林大师艾克博曾经说："设计是三维的，人们生活在空间里，而不是平面中。"现代景观建筑打破了传统欧洲园林中平面几何的观赏状态，空间营造成为设计的重要部分，强调了空间与空间之间的流动性和连续性，打破内部空间与外部空间的分离状态。

现代空间理论和包豪斯设计学院是同期产生的，包豪斯学院奠定了现代设计教育的基础观念和结构，对现代设计的影响十分深远。包豪斯主张艺术与技术的结合，设计的目的所针对的是人而不是产品本身，设计过程中必须遵循自然法则和客观规律。包豪斯的一系列主张对现代设计起到了积极的引导作用。在此基础上，现代景观建筑引用包豪斯的工业设计理念，开始强调人的需求与空间本身的特质，空间与空间之间的延续性和流动性。在设计过程中始终坚持"少就是多"的原则，以纪律、秩序和形式为创作思想的伟大建筑设计师密斯，就是这一时期的代表人物之一。他在1929年巴塞罗那世界博览会上设计的德国馆是体现其设计观念的代表作。德国馆除了简洁直线的使用和新型材料的探索之外，最有特色的便是其对空间与空间之间关系的处理。大理石与玻璃共同构成的直线分割，将空间或划分或联通，既形成空间之间的分割又让空间之间联系流动起来，形成奇妙的空间关系。虽然德国馆仅保留了不到半年时间，但是对景观建筑界所产生的影响一直持续至今。

第五章　景观建筑小品设计

第一节 景观建筑与环境的关系

中国建筑强调与周围环境的关系，例如：“因地制宜、依山就势”。古人善于利用场地原有条件进行建筑设计。

一、景观建筑与自然环境的关系

（一）景观建筑与山石的关系

根据风景格局的虚实关系，建筑和山石都属于实的范畴。一般分为两种格局，所谓对景，就是以山石或建筑物的体积为标准来决定观赏距离，这是传统园林中普遍使用的主体厅堂之前的远山近水的布置形式。

如果建筑与山石需要纳入一个构图，则一定要分清主次。或以山体为主，建筑成其点缀；或以建筑为主，用峰石衬托建筑。山上设亭阁，属于前一种情况。建筑物的大小要小，形状要美，形状要变，和树木一起造景可以增加园林的色彩。另外，由于位于园林的最高点，无论是俯瞰远景还是远眺远景，都将成为重要的看点。对于体量巨大的山体，建筑可以被置于山脚，也可以被置于山腰，甚至山坳之中。建筑的尺度固然不会超过山体，但也应根据景观构图的需要，或将建筑处理成山体的点缀，或将山体作为建筑的背景。以建筑为主体，山石为辅的处理手法，中国传统园林中常用的有厅山、楼山、书房山等。

（二）景观建筑与水体的关系

与山石不同，水域在风景格局中往往表现出“虚假”的特性，由于格局的松散变化和亲水性特点，水边建筑应尽可能靠近水面。为取得与水面调和，临水建筑多取平缓开朗的造型，建筑的色调浅淡明快，配以大树一二株或花灌木数丛，能在池中产生生动的倒影。建筑与水面配合的方式可以分凌跨水上、紧邻水边以及平台过渡三种类型。

（三）景观建筑与花木的关系

在园林中，景观建筑与花木的配合极为密切，利用花木不同的形态、位置能进一步丰富建筑构图。面积不大的园林中用少量花木予以配置可以构成小景；利用一些姿形优美的花灌木与峰石配合，点缀于墙隅屋角也能组成优美的构图；建筑近旁种植高大的乔木，除遮阴、观赏外，还能使建筑的构图富于变化。但为了不过多地遮蔽建筑外观、影响室内采光和通风，大树不宜多种植，且应保持一定距离。

对于临近水面的建筑，不能在池塘一侧使用小树丛，建筑前可以种植少量的花木，但不能遮挡视线。在走廊后面可种植高大的乔木。园内的亭子，无论是在山间还是在水边，都要在旁边种树，不要使亭子被孤立。

建筑的窗前可多植枝干疏朗的乔木，以便于观景；窗后设有围墙时，靠墙应栽枝繁叶茂的竹木，以遮蔽围墙，又绿意满窗；游廊、敞厅或花厅等建筑的空窗或景窗，为沟通内外、扩大空间，窗外花木限于小枝横斜、芭蕉一叶、疏竹几干而已。

（四）景观建筑内部自然要素的运用

一些规模较大的现代建筑常将山石、水池及植物等自然要素引入室内，会使人产生丰富的联想，令建筑的内部空间更富情趣。

可将用于室外的山石及建筑材料运用于室内，在中央大厅中散置峰石、假山；或将室外水体延入室内，在室内模拟山泉、瀑布、自然式水池；或在室内保留原有的大树，组成别致的室内景观；或把植物自室外延伸到室内；等等。所有这些手法可以打破原来室内外空间的界限，使不同的空间得以渗透流动。[①]

二、建筑、景观与环境的和谐交融

建筑与景观的融合，自然与人的和谐共生是人类居住的最高境界。只靠美丽的环境和独特的建筑物是不够的，只有美丽的自然景观和良好的生活氛围相结合，才能营造理想的居住环境。建筑要素的细节把握也要与景观要素相结合，建筑的造型、色彩、立面及风格要与景观适当对应。自然与建筑的融合将是21世纪面临的重要课题，一位建筑师曾说过，成功的建筑是意义与景观的完美结合。随着人们对景观的要求逐渐增加，对景观的理解也逐渐深化，改变了人们只注重建筑的局面。以“人类居住环境”为关键词的景观新纪元逐步初见，景观融入建筑，影响建筑，使人在尊重自然，尊重文化，尊重艺术的基础上和谐融为一体，不再是孤立的个体。

人类的进步在改变世界的同时，也带来了许多与自然相协调的复杂问题。建筑和环境设计思想的发展在于建筑成为改造环境的契机。建筑师们越来越关注建筑基地的原始环境，一些建筑的目的是修复和改善建筑基地的自然状态。

城市是一个综合了人工和自然诸多要素的景观空间系统，城市建设本来就是地形规划和建筑整合的过程和结果，整个城市是一个大的艺术作品和有机的统一体。19世纪中期，西方城市在巴黎的重建，英国的公园运动，霍华德的田园城市，产生了很多“城市美化”运动和理论流派，如勒·科布齐埃的“明天的城市”。在美国，以奥姆斯托德为代表的景观设计师在一系列城市公园系统规划和设计中拥护自然田园风光，与当时大城市恶劣的环境形成鲜明对比，满足了人类回归自然的社会要求。

①俞骏．整体性视角下建筑与景观空间整合研究[D]．天津：天津大学，2016.

第二节 景亭的布置

亭,四面开敞的点景建筑,能避雨、遮阳。它既可供人驻足休息赏景,又是能自身成景的景观要素,多设置在良好的视线或景观风水处。它造型多样,风格自然,形象玲珑多姿,常常构成空间精致视觉美的焦点,有点缀、穿插、烘托、强化景观效果的作用。

一、园亭的位置选择

建亭地位要从两方面考虑,分别是由内向外和由外向内。园亭亭子要建在自然景观合适的地方,进去休息的人可以看到风景,同时也要考虑使其成为景观美学。[①]

二、园亭的平立面

园亭的大小偏小,自点状伞亭起,由简单到复杂的多种几何形体,加以组合变形,构思成其他形状,同时也可以和其他园林建筑组合成新的建筑群体。

(一)园亭的平面

园亭的平面组成比较单纯,除桌子、坐凳(椅)、栏杆,有时也有一段墙体、桌、碑、井、镜、匾等。园亭的平面布置,一种是一个出入口,终点式的,还有一种是两个出入口,穿过式的,视亭大小而采用。

(二)园亭的立面

园亭的立面,可以分成几种类型,这是决定园亭风格的主要因素。中国古典、西方古典传统风格等,这些类型都有需要遵循的程序,施工过程非常复杂。中国传统园林柱子有木头和石头两种,现在可用真材或混凝土仿制,但屋顶较之前变化很大。可在西洋传统形式结构外套用现在市面上各种规格的玻璃钢、檐口。

---

①梁潇文. 现代景观小品建筑细部设计新探[D]. 西安:西安建筑科技大学,2010.

三、景亭布置的艺术法则

根据亭的布局和组景条件，有山亭、水亭、路亭、林间亭等形式。

山亭，常布置在地势高处或山峰处，亭外视野开阔，境界超然，可凭栏远眺，可环视周围景色，使人心旷神怡，是人们流连追寻的景憩点。

水亭，或依水依岸而立，或凌立于水面，亭水相彰，成景自然，如蜻蜓点水，似出水芙蓉，亭影辉映，意趣浓烈，不失为景色的焦点。水亭选址和尺度标准与水面开合度有关，一般，小水面宜设小亭，大水面宜设大亭或多层亭，广阔水面宜设组合亭或楼阁。水亭有丰富水域景色、控制环境、吸引视线和诱导人流的功能，因此要重视亭景的空间对构关系，既要考虑亭外的环视景色，又要考虑亭景外围空间视点的赏析构图，力求景中、景外均有景可赏。

路亭，为途中休息观赏景物而设，造成行为和景物空间的节奏感，既可用以点景与自身成景，丰富景色的内容与层次，又可作为主要的视点和休憩点，增加赏景中的情趣，减轻行动的疲惫感。路亭布置应与观赏线路、景点组织、空间序列展示、景象品质构成相配合，力求方便、舒适、视线良好、环境宜人。

林间亭，常与路亭结合，多位于林木环抱的清幽处，与林木共组成景，并以大自然的声、色、光变幻而强化其自然美，是具有吸引力的优雅景点和休息处。

第三节 雕塑的布置

雕塑是以不同题材的内容为基础进行雕塑、造型的立体艺术形象。雕塑是一种具有很强感染力的造型艺术，源于生活，但比生活本身赋予更完美的欣赏和趣味。它能起到美化人们心灵，陶冶人们的情操的作用。

一、雕塑的分类

古今中外，优秀的景观都成功地融合了雕塑艺术的成就。我国古典园林中，那些石龟、铜牛、铜鹤的配置，具有极高的欣赏价值。西方的古典景观更是离不开雕塑艺术，尽管配置得比较庄重、严谨，但也创造出浓郁的艺术情调。现代景观中的雕塑艺术，表现手段更加丰富，可自然可抽象。表现题材更加广泛，可严肃、可浪漫，这要根据造景的性质、环境、条件而定。

雕塑按材料、表现题材内容的不同，可分为多种，例如石雕、木雕、金属雕塑、玻璃钢雕塑、人物雕塑、动植物雕塑、山石雕塑、历史神话传说故事雕塑和特殊环境下的冰雪雕塑。①

二、雕塑的设计要点

雕塑小品的题材应与景观的空间环境相协调，使之成为环境中的一个有机组成部分。如林缘草坪上可设置大象、鹿等动物，水中、水际可选用天鹅、鹤、鱼等雕塑，广场和道路休息绿地可选用人物、几何体、抽象形体雕塑等。雕塑的存在具有特定的空间环境、特定的观赏角度和方向，要从整体出发，不能只研究雕塑本身，还要研究它的方向和太阳几何的光影变化。雕塑的基础要根据题材和环境而定，没有固定的模式。

三、雕塑布置的艺术法则

在现代国内外园林中，雕塑被广泛使用，占据着重要的地位，在环境景观中起着特殊的作用。雕塑对景观环境起着画龙点睛的作用，是表达某种思想情感和景观氛围的手段。它可以起到增进远景之美、连接景观要素、引导和指示方向、聚集视线、象征性等作用。

雕塑在景观环境中起着重要的作用，因此景观雕塑构建位置要得体，并有良好的观赏条件；要注意雕塑与相关景物的相互衬托和补充，使之相互协调，气韵相连；雕塑造型、轮廓、主题思想应与环境相宜，不

①王珂．浅谈环境雕塑的空间营造[J]．美与时代，2018(06)：68-70.

互相排斥；雕塑的质感、色彩及细部加工应考虑在不同光线下的视觉效果。

（一）雕塑设置的原则

在景观环境中，雕塑的设置应从多方面进行考虑。第一，应该考虑环境因素。在各种不同的环境条件中选择适宜的雕塑题材与表现形式，以达到相互衬托、相辅相成的效果，增强雕塑的感染力。第二，要考虑观赏距离。雕塑的细部与整体需要不同的观赏距离，因此，需要考虑三维空间的多向观赏的最佳方位与距离。第三，雕塑的大小和空间之间要有很好的比例和尺度关系。雕塑的底座要突出主体，营造氛围，使雕塑的表现力和底座的体量相匹配，但底座也不能主客颠倒，所以不能孤立地设计底座。要将其纳入整体构思，仔细权衡其体量、质感、粗细、轻重、明暗和雕塑本体的和谐。第四，合适的色彩选择，突出雕塑的色彩与主体形象有关，也与环境及背景的色彩密切相关。

（二）雕塑的类型

雕塑可按照空间形式、艺术形式、功能作用、材料等进行分类。

第一，雕塑的空间形式分类。雕塑的空间形式分为圆雕、浮雕、透雕三种。圆雕具有强烈的体积感和空间感，可以从不同角度进行观赏，是最常见的雕塑形式。浮雕是介于圆雕与绘画之间的一种表现形式，它依附于特定的墙面上，一般只能从正面或侧面来看，浮雕依其起伏的高低，又有高浮雕与浅浮雕之分。透雕是在浮雕画面上保留有形象的部分，挖去衬底部分，形成有虚有实、虚实相间的效果。透雕具有空间流通、光影变化丰富、形象清晰的特点。

第二，雕塑的艺术形式分类。雕塑具有具象与抽象两种艺术形式。具象雕塑是以真实再现客观对象为主的雕塑，在城市中广泛应用。抽象雕塑是对客观形体进行主观概括、简化或强化，或利用虚线、面、体块等抽象符号进行组合，具有强烈的视觉冲击力和现代意味。

第三，雕塑的功能作用形式。按照功能作用，雕塑可分为纪念性雕塑、主题性雕塑、装饰性雕塑、功能性雕塑。纪念性雕塑主要纪念一些伟人和重大事件，一般都在环境景观中处于中心或主导位置；主题性雕塑是指在特定环境中，为增加环境的文化内涵，表达某些主题而设置雕塑，若与环境有机结合，能充分表达鲜明的环境特征和主题；装饰性雕塑主要在环境空间中起装饰与美化的作用，装饰性雕塑不强调有鲜明的思想内涵，但强调环境中的视觉美感；功能性雕塑具有装饰美感的同时，又有不可替代的实用功能，如在儿童游戏场中装点可爱小动物的雕塑。

第四，雕塑的材料分类。雕塑的材料是影响其形态、质感和保存时间的关键因素。常见的雕塑材料包括石材、木材、金属、陶瓷和塑料等。石材雕塑历史悠久，以大理石、花岗岩等为主要材料。其质地坚硬，耐候性强，能长期保存。石材雕塑的代表作品有古希腊的《掷铁饼者》和中国的《人民英雄纪念碑》等。木材雕塑以天然木材为原料，具有质轻、易加工等特点。然而，木材易受自然因素侵蚀，保存难度较大。木材雕塑多见于民间工艺品和室内装饰。金属雕塑以铜、铁、钢等金属材料为主，具有较强的可塑性和耐久性。金属雕塑可呈现出独特的质感和光泽，如罗丹的《思想者》就是铜雕的杰作。陶瓷雕塑以陶土、瓷土为原料，经过成型、上釉、烧制等工序完成。陶瓷雕塑色彩丰富，细腻精巧，多用于室内陈设和艺术品收藏。随着现代科技的发展，塑料材料在雕塑领域得到广泛应用。塑料雕塑具有质轻、易塑形、成本低廉等优点，但耐候性相对较差。

（三）雕塑的布置

雕塑布置主要考虑平面布局、视距与雕塑高度的关系、视角、雕塑在水面中的倒影等问题。

第一，平面布局。雕塑的平面布置形式分为规则式和自由式。

第二，视距与雕塑高度的关系。

第三，视角。视角分为竖向视角与水平视角两种。最佳的竖向角度为18°~27°，当竖向视角大于45°时，只能观赏细部；水平视角在54°时，能集中有效地观赏雕塑；而能有效观赏到周围环境的水平视角不宜大于85°。

第四,雕塑在水面中的倒影。与倒影有关的三个因素是雕塑的高度及位置、水面标高、观察点的位置。

第四节 座椅的布置

公共景观中经常设置桌子、椅子,供人们休息、读书、玩滑板做游戏等,还可以装饰风景。景观绿地边上配备形状独特的椅子,空间就更生动亲切、朝气蓬勃、雅静;大的树荫下配备石椅,会使本无组织的自然空间变得有意境。

一、座椅的类型

座椅多布置在景观中有特色的地段,如湖畔、池边、岸边、岩旁、洞口、林下花间、台前、草坪边缘、步道两侧、广场之中,一些零星散置的空地也可设置几组座椅加以点缀。

座椅的类型很多,根据材料不同可分为木制的、石制的、陶瓷制的、混凝土预制的。根据造型特点不同可分为条形椅凳、环形或弧形座椅、树桩形座椅、仿古型或天然型座椅、石凳等。此外,还可结合景观中的花台、花坛、矮护栏、矮墙等做成各种各样的座椅等。①

二、座椅布置的艺术法则

座椅是景观中重要的设施之一。人们在景观环境中休憩歇坐,赏景畅谈,无不与座椅相伴。座椅的主要功能包括供人们就座休息与装饰两个方面。从观赏和美学观点来看,座椅设施应该成为经过周密思考的设计要素。也就是说,座椅设施的造型、位置以及布置形式与其他要素要统一考虑,座椅设施必须与其他要素相互协调。

①徐静梅. 园林建筑小品在园林中的应用分析[J]. 现代园艺,2018(18):124.

（一）座椅的尺度设计

设计座椅时的一个关键问题就是设计正确的尺寸，这样才能使座椅舒适实用。一般座面高38cm～40cm，座面宽40cm～45cm，标准长度为单人椅60cm左右，双人椅120cm左右，三人椅180cm左右，而且座面与靠背应呈微倾的曲线，与人体相吻合，靠背倾斜度一般为100°～110°。设计师也可能会设计出带扶手的座椅，扶手应高于座面15cm～23cm，座面下应留有足够的空间以便放脚。这样，所有座椅的腿或支撑结构应比座椅前部边缘凹进去至少7.5cm。另外，如果座椅下不做铺地材料，那么在座椅下面就应铺砾石等材料，防止座椅下因长期受雨水侵蚀和践踏出现坑穴。

（二）座椅的材料选择

景观中的座椅可用多种材料建造，不过一般来说座面用木材是比较合适的。因为木质比较暖和、轻便，并且造材容易。石头、砖以及水泥也用于座面材料，不过暴晒后座面会发烫，人难以就座，而在冬季冰冷，令人难以忍受。如果石头、砖及水泥铺砌不当，座面在雨后就不能及时干燥。以上所述材料均可以多种形式为所需要的设计内容和特性服务。

（三）座椅的空间布置

座椅的空间布置必须配合其功能，所以要考虑到许多因素。首先，座椅应安放在活动场所和道路的旁边，不能直接放于场所之中或道路上，否则人们会因觉得挡住去处或四周混乱而感到坐立不安。最好是在角落或活动场所边沿，座椅背靠墙或树木，最令人觉得安稳、踏实。如果座椅背对空旷空间而面对墙，这种设计是让人难以接受的。其次，座椅适宜安排在树荫下或荫棚下，可为人们提供阴凉，或者设置在比较空旷的地方，为人们选择座位提供方便。有人喜欢绿荫，有人喜爱阳光。对气候因素应该多加考虑。在一年之中，有些日子能享受阳光是很舒适的，而晚秋、寒冬及早春之际，没有多少人愿意在室外就座，秋冬季节到来之际，建筑物南侧的座椅可以得到温暖的阳光，很受欢迎。要注意不要让座椅在冬天寒冷的西北风中晃动。在冬季和春季,座椅不能安装在建筑物的北侧;在冬季,座椅不能安装在有寒风的走廊上。不同座椅形式对使用者的行为有较大的影响。

第六章　基于在地性的现代景观建筑设计艺术

第一节 现代景观建筑在地设计策略

为构建基于在地性的设计策略，就需要对在地设计的范围进行界定，明确了边界范围，方可形成明确的在地归属感，和周围的环境产生有机的联系。

一、在地设计的范围界定

范围越小，人们的认同感和归属感就越强，地区的文化属性就越明确。对于景观建筑来说，土地的边界也是即将生长的土地，在这片土地上，人们过着最真实的生活，因此建筑的地理属性也更加明显。[①]

二、基于在地性的现代景观建筑设计策略

综上所述，现代造景建筑的地理设计系统有人性、自然和文化三个主要影响因素。其中人性因素是现代景观建筑土地设计最根本的影响因素，即人的尺度，包括行动活动和感知体验，人类的需求和感受影响设计目标的实现和追求。自然因素是最不容易改变的、最原始的因素。而文化因素作为涵盖当地的历史文脉、经济形态和民俗信仰的内容，是影响人的观念意识和思维方式的关键因素。

三个因素对应着在地实践体系中的三种环境：行为环境、自然环境

①曾伊凡．在地建造——当代建筑师的乡村建筑实践研究[D]．杭州：浙江大学，2016.

和文化环境。将三种环境与景观建筑在地性设计的主旨结合,分别得出以下相应的关系:人性因素是对行为环境的包容性设计,自然因素是对自然环境的应答式设计,文化因素是对文化环境的关联式设计。基于在地性的现代景观建筑设计是对这三种环境的系统性响应和互动。

第二节 以"人"为本——景观建筑在地主体感知

人作为景观建筑使用的主体,同时也是在地气氛感知的主体。景观建筑设计,归根到底是服务于人的,因此人性因素是在地设计首先要考虑的因素。人们只有在景观建筑中得到了使用功能以及精神上的满足,才会乐在其中,长时间停留。关怀人性,是景观建筑在地设计之本。

一、人性因素对在地设计的影响

人性因素是影响景观建筑在地设计的核心因素,人作为场所的直接使用者,对物质和精神的双重追求决定了景观建筑在地设计的复杂性。并且人性的因素不是一成不变的,而是随着所处的时间和空间的不同状态而变化的,具有十分复杂和多层面的特点。下面将从人性尺度、人的行为活动以及人的知觉体验展开论述。

(一)人性尺度

景观建筑一般位于景色优美的大尺度自然环境中,不合适的建筑空间尺度会缺乏对人性的关怀,因此基于在地性的景观建筑设计首先需要考虑对人性尺度的把握。这里的尺度主要是关注人所感受到的相对尺寸,并不是指某固定的数值。

人的身体有自己的特点,人每天的活动范围是有限的,人的视角也是有一定范围的,因此与人有关的相对尺寸也就有一定的限度。此外,人对空间环境相对尺寸的感受也影响着人的心理体验。

在地设计的核心问题是要掌握好尺度对人感受的影响。人的尺度是景观建筑设计的依据，如果采用不合适的尺度可能会破坏人对空间距离的合理感知。如果想让人在建筑空间中能有舒适的体验，让人们更多地在设计的空间中活动，那么合理适宜的空间尺度是设计师必须认真考虑的。

（二）行为活动

人的行为活动复杂多样，建筑空间与人的行为时刻发生着碰撞，合理适宜的建筑一定是给人们的各种活动带来便利，而不合理的建筑会给人们的行为活动带来阻碍。在景观建筑中，人们存在着丰富的行为活动，诸如坐下、站立、交流、行走、观赏等。"坐下"需要有方便休息的设施和适合就座的场所。"站立"需要有可停留的区域，有能够倚靠支撑的物体。"交流"需要有合适的设施和空间氛围。"行走"需要有良好的路面以及行走的空间。"观赏"需要有良好的视野和有趣的景观，对于景观建筑来说，这也是人们在其中最重要的行为活动。景观建筑应该创设多样化、包容性的观景体验。

现代景观建筑在地设计需要以人的日常活动为依据，要让空间环境满足人的需求，体现出景观建筑设计对人性的关怀。[①]

（三）知觉体验

人对场所的认知基于主观知觉体验。在景观建筑中，这是一个调动人们各个感觉器官的综合体验过程。视觉、听觉、嗅觉、触觉为人的直接知觉体验，当周围环境信息作用于人的感觉器官时，大脑会对外界所给予的信息进行组织和解释，最终升华为体验。以"人"为本，从这个角度而言意味着景观建筑在地设计必须基于人们多方面的知觉体验。

二、对行为环境的包容性设计

人性因素作为景观建筑在地设计理念的根本影响因素，其具有的复杂多元性质决定了人与景观建筑之间存在的多元互动关系。作为一个容纳人的行为活动的场所，现代景观建筑应该为这种多元互动的关

①王润泽．现代公共建筑中公共空间的人性化设计思考与实践[D]．苏州：苏州大学，2016.

系提供一个具有包容性的行为环境。

包容性设计包含现代景观建筑在地设计理念的根本逻辑。包容意味着关怀,对行为环境的包容性设计不是简单地从某个点切入去体现这种关怀,而是需要从整体到细节去把控设计,这就涉及整体环境的营造、对空间的表达以及对细部的设计。

(一)环境的营造

针对行为环境的包容性设计离不开对环境的精心营造。人是情感复杂的动物,情因境而生,不同的外部形体环境会对人的情绪造成不同的影响。在地性的景观建筑设计应该做到情境合一,为人们创造一个适宜生存、生活的环境,这也是建筑创作的源泉和目的。

这里的环境,是指景观建筑本身所形成的空间及其与建筑周边环境的关系,这种关系的和谐能够使人在使用空间的时候更加舒适。要使景观建筑环境具有更强的人文色彩,一定要适应人的需求,追求并创造情境统一的空间环境,赋予景观建筑空间环境人情化,这种人情化的空间也是对人性化的表达。下面分别从绿化、内外部空间结合以及空间形态的有机生成三个方面加以论述。

1.以绿植为主的景观建筑空间

人是自然环境中不可分割的一部分,自然为人类的生活和成长提供了资源和空间。景观建筑在绿化提升方面有着天然的优势,因其一般位于景色优美的自然环境中,此时就应该注意在进行景观建筑设计时与自然景观的融合。绿色、生态的空间环境会使人们的心情得到放松。

在景观建筑中,绿植的作用不仅仅是给人以美的感受,还可以营造出宜人的空间环境。植被能够消耗空气中的二氧化碳,利用光合作用产生人们生存必需的氧气,平衡空气中二氧化碳的含量。同时,植被可以除去大气中的灰尘和部分有毒物质,净化人类生存所需的空气。而且植被在白天吸收热量,在夜晚放出热量,对调节空气的温湿度起到一定的作用。

2.内外部空间的结合

景观建筑不应该是孤立存在于其所处的环境中，内部空间与外部空间应该有机地结合在一起，而不是生硬地结合，要根据具体的场地自然环境，通过合理地布置将室内外空间结合。通过这种柔性的处理手法，人在其中可以感受到与自然的和谐共处。

3.空间形态的有机生成

从某种程度上说，景观建筑仅仅是作为周围景观环境的一个组成部分，只有从整体上服从于周围环境的景观建筑才能给人以美的感受。景观建筑作为稳定的、不可移动的具体形象，需要契合周围的环境，通过与自然和谐的布局获得有机的空间形态。人类在建筑环境中的感受是和建筑与环境之间的关系息息相关的，例如归属感、认同感等自我感受，这是设计时必须考虑的因素。

因此景观建筑在设计时，不能盲目地追求造型设计，而是应该在场地的现有条件下有机地生成建筑空间。这种有机生成是和场地现有的地形地貌以及场地周边的环境相结合，不断推敲而得出的结果。这样的建筑空间才能称之为科学的空间、有机的空间，人们在使用这样的景观建筑空间时就不会觉得生硬，而是感受到更多人性化的关怀。

（二）空间的表达

对行为环境的包容性设计，除了需要对景观建筑所形成的环境进行精心营造，还需要对建筑空间进行恰当表达。流线合理性、空间色彩、开敞与封闭感的设计、人的本体地位等都应当加以考虑。

1.空间流线的合理性

景观建筑除了承载着观景的作用之外，还要兼具一些其他更为复杂的功能，这就需要综合考虑各种功能区域的组合排布，而要将布局设计合理，就要考虑空间的流线。由此，为了营造出更加人性化、舒适美观的建筑空间，流线的合理设计和优化是关键所在，合理的流线可以为人们的使用效率及心理体验带来较为有效的改善。这就要求在设计之初对各种流线的特点、规律进行全面深入的分析研究。

米尔布鲁克房屋位于美国一个景色优美的山上，设计师在约80.94公顷(200英亩)的场地中设计了起伏变化、收放有序的观赏路线。分布式的建筑布局与景观融合起来，形成了宜人的空间环境；流线将树林、停车场地、山坡合理地穿插；曲折幽静的路线使这里的景观增加了许多神秘感，令游客体验到多层次的观赏感受。

当人们来到米尔布鲁克，首先可以看到悬臂式的耐候钢框建筑依偎在停车场旁边。深红色的钢板将后面的山体与场地从视觉上连接起来。通过山坡上的石板小路人们可以来到山顶观赏宽阔的草地，草地中的玻璃亭将草地的绿色反射向游客，与草地融为一体。当人们进入其中，四周是超级全景风景，从这里可以远眺到哈德逊山谷。

此案例中设计师对于景观空间的流线方面进行了深入考虑和设计，不仅合理布置了从公共空间与安静的私密空间的合理流线，还精心设计了从坡地到高处草地的游览路线。经过曲折有趣的流线，人们最终在山顶遇到宽广壮观的草地，令人心旷神怡。

2.空间色彩的处理

色彩通过对人类视觉的直接刺激，让人产生了直接的认知和感受，从而成为人类生活空间中重要的表达元素，极大地影响着人对空间环境的感知。在景观建筑所形成的空间中，不同的色彩会给人以完全不同的心理感受，所以，我们需要对空间的色彩进行科学处理，从而达到适用人们需求的目的。自然环境中的各类物质都有其自身独特的色彩，例如各种色彩的石头、土地、河流等，丰富多彩的自然物质呈现出各不相同的色彩，不同环境下的组合搭配更是丰富了人类的视觉体验。

色彩和材质是相互依存的关系，在设计景观建筑时需要根据不同的需求采取不同的设计手法。如体现材质本身的质朴性和野趣性，需要尽可能地保留和发展材质本身的色彩元素、纹理和质感，发掘材料的独特魅力。如果想通过色彩的设计表达更多的文化内涵，则需要采集当地独特的材料，重新结合当地的文化内涵进行恰当的搭配组合，合理地表达出材料的非物质文化属性。这种合理运用自然材料色彩的物质性和非物质属性的设计，可以从本质上提升色彩的表达效果。

另外，人们对色彩的感受还受到空间形体及光影变化的影响，同样的色彩在不同的空间形体及光影条件下亦会给人不同的心理体验。除了景观建筑本身的空间形体及光影变化外，周围环境的色彩对人们的视觉同样产生着刺激。只有综合地考虑环境在所有物质上的色彩才能协调好整体的色彩设计。因此在建造之前就需要了解建筑色彩的变化在未来可能对人的感受带来的影响。通过多方面合理分析，完善景观建筑中色彩的设计表达。

奥丹艺术博物馆是位于加拿大英属哥伦比亚省的私人博物馆，坐落在壮观的常绿林带中，场地环境十分优美。建筑外观的形式非常简单，深色金属外表皮包层将建筑融入了周围森林的阴影中。对外连接的门廊和玻璃大厅中却使用了温暖的原木内饰，明亮而友善，与外部色彩形成对比，调动人们进入室内空间的情绪。继续向室内深入，永久和临时展厅中的画廊都采用了白色调的空间，纯粹的白色空间更好地衬托出展厅内的各种展品。

3.空间开敞与封闭的营造

开敞空间和封闭空间是相对而言的。从整个空间的围合程度来看，围合度越高的空间越封闭，相反，围合度越低的空间越开敞。使用空间的功能要求及用户视觉、心理上的体验感受等都是决定空间开敞、封闭程度的因素。

开敞空间的私密性较小，属于外向型的空间。开敞空间强调与自然环境的渗透与融合，能够增强人的观赏视野，丰富景观层次。开敞空间在使用过程中具有较大的灵活性，可以通过变化的室内外布置改变开敞空间的状态。此外，开敞空间具有开放性的空间性格，让人产生更多活泼、开朗的心理感受。

封闭空间具有较强的私密性，属于内向型的空间。往往用封闭性较强的墙体围合起来形成封闭空间。当人置身于封闭空间中时，人的视线会受到阻挡，具有较强的隔离感，同时也让人产生更多的安全感及私密感。

景观建筑一般位于风景比较优美的地点,因此在一般情况下,景观建筑会尽量以开敞的姿态去回应周围的美景。人们在空间中进行交流、休憩、漫步等行为活动,这种开敞式空间增加了整个空间的活力氛围。然而某些景观建筑,比如位于景观环境之中的居住建筑,使用者希望在获得景观的同时,也需要一些相对封闭的空间,以满足其私密性的需求。因此,景观建筑空间的开敞与封闭在一定情况下需要考虑使用者的具体使用要求,空间的属性是依据不同类型的建筑和不同类型的使用人群所决定的,这些手法都从人的角度出发,体现了对整个景观建筑空间的人文关怀。

4.空间尺度重视人的本体地位

空间的高低、大小能让景观建筑对人的心理产生各种各样的影响。较大的空间能让人产生开朗、舒展、开阔的感觉,但是如果空间过大则会让人产生孤独感、自卑感;小空间会让人们产生亲密感、安全感、领域感,但是如果空间过小则会让人产生压抑感、局促感。高耸的空间往往带来神秘感、神圣感、向上的感觉;低空间会带来舒适感、安全感等。因此需要根据空间的功能和人们的需求设计适宜的空间尺度。

现如今,城市化和工业化高度发展,出现了一些尺度不适的现象,使人造成冷漠、压抑等负面情绪。人们也随之产生新的需要,即亲近自然、回归人性尺度的建筑空间环境。人的使用是景观建筑存在的意义,景观建筑的设计应该关怀人性、以人为本,以人需要的尺度为设计依据,让人产生更多美好的感受。因此设计师需要更加关注景观建筑的尺度、比例等方面对人们心理感受产生的影响,合理运用建筑尺度营造出宜人和谐的空间环境,增加景观建筑对人们内心的关怀。

那不勒斯植物园游客中心坐落在160公顷的世界级的植物园之中,这座植物园的设计是希望从城市的发展之中保留160公顷的自然资源。植物园游客中心希望以一种环境友好的方式来保存当地的生态系统,木质的展馆利用当地的柏木材料制造,交织在茂盛的园林之中。通过对建筑尺度的把握,植物园为游客和研究人员提供了怡人的、参与式的体验。

(三)细部的设计

包容性的设计除了需要从整体上去营造环境、表达空间外,同时也需要对景观建筑环境的细部进行琢磨完善、精益求精。精心设计的细部可以使空间得到升华,不仅仅会在使用功能上给人带来便利,也会给人们的心理体验带来更多的关怀。

1.环境小品

在景观建筑环境中,往往会布置一些环境小品以提升整体的空间品质。环境小品可布置于建筑室内或者室外空间,位于室内的环境小品通常可以和家具的布置结合在一起,起到某种功能作用的同时提升室内空间的艺术感。室外的环境小品应考虑和自然环境的融合,通过富有人情化的设计展现小品细部的内涵和特性,同时也会增加整体环境的趣味性。

2.入口空间

入口空间作为整个景观建筑中的一个细部,它有着自己特殊的存在意义。在景观建筑中,入口空间绝不仅仅是某种独特的形象、特殊的材料或某种新颖的结构类型,它是连接景观建筑内外空间的重要节点,设置具有人性化关怀的入口对于整个景观建筑来讲十分重要。因此,对于入口空间的人性化处理是增加空间包容性设计不可缺少的部分。

在加拿大奥丹艺术博物馆设计中,线性的建筑本体覆盖着黑色的表皮低调地融入森林环境当中,然而在入口空间部分,建筑采用了一种更为人性化的设计。建筑师设计了一座人行桥将附近的村庄与博物馆入口连接在一起。人们可从村庄口处走上人行桥,人行桥顺着道路开始上升,最终将人们引导至博物馆的入口处。不同于建筑的外表皮,人们在入口处可以明显感受到木质空间的明亮闪耀,给人以温暖的感受,体现着对人性的关怀。

3.光的运用

在景观建筑中,人们已经处于一个景观相对优美良好的环境中,但如果没有充足的光线或对光线的运用不合适,同样不利于人们的使用及心理需要。因此合理地处理好景观建筑室内空间的光线有重要的实际意义,主要包括两个方面:首先,通过对光的运用,可对景观建筑内部空间的秩序和氛围产生影响,如可以通过照明和天然采光引导建筑空间的交通流线,亦可通过光线的明暗变化来营造出不同的气氛。其次,变化的光线可以创造出丰富的空间层次。灵活可变的光影极大地增加了空间的变化性,给人带来更丰富的感受。通常利用光线将空间进行虚拟分隔,使空间既有整体感又有分隔感,增加空间的趣味。

另外,合理的光线运用可以调整建筑空间的尺度感。光影的变化可以影响人们对空间比例的感知。通过不同的光强对比,在视觉上增强了空间的深度与层次,让人对建筑空间有了多尺度的感知。

很多建筑大师,如路易斯·康和安藤忠雄等在建筑设计中十分重视光与影的设计。通过艺术化的手法将光融入建筑空间中,使建筑给人带来了多层次的体验。

第三节 以“地”为基——景观建筑在地自然感知

自然,是“地”的重要内涵。它包括地球赐予人类的生存场所和所依赖的资源。人与自然的关系也是人与“地”之间最基本的关系。

一、自然因素对在地设计的影响

自然因素包括气候条件、地形地貌、地方资源等,会因为所处地域不同而呈现不同的状态,并处于一个相对稳定的状态。自然是建筑环境的重要组成部分,是景观建筑在地设计中应该思考的重要内容。

(一)气候条件

气候是某一地区长时间内气象要素和天气现象的平均或统计状态,包括降水、风向、日照、温度、湿度等诸多因素。每个地方的气候条件是影响环境的基本因素,是人们进行房屋建造时首先考虑的自然因素,它将影响景观建筑的布局和形式。例如我国的干栏式建筑,因为地处南方潮湿炎热地区,通过柱子将建筑架起来,高出地面,这样有利于防潮、通风。干栏式建筑采用坡屋顶,因为所在地区降雨量较大,坡屋顶有利于排水,减小雨水对屋顶的压力。

在一个地区进行景观建筑设计时,一方面应该明确该区域的气候条件,包括冷热、干湿、日照等;另一方面对于一些具体的气象资料也要掌握,比如主导风向、风力、降雨量、季节分布等。地区的局部气候条件还可能受到地形、植被、周围建筑等影响,形成局部的小气候,这也是在进行景观建筑在地性设计时不能忽略的因素。

(二)地形地貌

地形地貌也是影响景观建筑设计的自然因素之一。一个地区独特的地形地貌特征会影响人们对空间的感知,地形的变化影响着人们的视觉体验。景观建筑的空间表达需要与其即将落成的局部地形地貌产生呼应,将其融入建筑设计中去,让景观建筑体现出独特的在地属性。

在景观建筑设计中,需要考虑建筑周围环境的地形地貌。景观建筑的布局与设计受到基地周围地理环境的影响,地理环境包括地质、水文、地形、地貌等要素。建筑师往往会在复杂多变的地形地貌中受到启发,激发出设计的灵感,创造出呼应地形地貌的丰富的建筑形式。场地的自然因素是在地性建筑的基础,根据建筑用地高差变化而确定景观建筑竖向设计,建筑总平面图形式也会受到地形影响,这些都可以成为建筑师的切入点和设计来源,也会成为在地性景观建筑中的点睛之笔。在地性景观建筑体现的是一种因地制宜的建筑思想,作为建筑师应该尊重自然、顺应自然,充分利用建筑周围环境中的各个自然元素,将其进行整合和协调。

(三)地方资源

世界是由物质组成的,建筑设计本身就是一个空间限定的过程,限定空间就离不开对物质材料的使用,景观建筑作为“物”的存在,同样离不开“物”的构成,物质材料是景观建筑环境的基础。建筑师运用建筑材料来营造建筑空间,建筑材料是人们在建筑场地中可以触摸和看到的有形实体。材料的呈现方式受到人对建筑材料体验的影响,通过材料所具有的色彩、质感和纹理与周围自然环境产生联系,来营造出不同的建筑空间氛围。

长久以来,地方材料作为地域建筑设计的一种制约条件,限制了建筑的表现形式,同时地方材料为地区内的建筑设计提供了构思的依据,经历了漫长的时期,形成某种特定的地域风格。人们对于自己生活地区的建筑材料的认知,已经超越了物质的层面,进入一种精神的层面。材料的质地、肌理、色彩与人们的生活息息相关,承载了当地人们记忆和情感的深层内容。

地方材料承载着此地域的历史文化,是人可以直接触摸到的外部介质。地方材料决定了地方风格,其包括硬质材料和软质材料,如土、木、水、石等属于硬质材料,而地表植被属于软质材料。合理地运用这些地方资源对于景观建筑在地化有着重要的意义。

二、对自然环境的应答式设计

“应答”是在地性设计对“地”的一种态度,它扎根于地,因地而存在。与周围自然环境产生联系,这是在地性设计应该遵循的基本原则。

(一)对天空的回应——适应与调节地方气候

正是由于气候的重要性,在进行景观建筑设计时必须予以考虑,下面将逐一展开论述。

1.适应气候的选址与布局

在景观建筑设计时首先要考虑建筑用地周围的气候条件和地形地貌,充分利用自然环境对建筑周围的微气候调节作用,营造宜人宜居的生活环境。建筑布局的合理性能够有效利用基地周围气候条件,将建筑设计对自然环境的破坏和改变降到最低，让建筑成为人与自然之间的媒介。从某种角度上来讲，场地环境是因建筑的存在而变得有意义，建筑在场地中处于支配地位。但对于景观建筑来说，对场地原有自然环境的保护，与场地中其他要素协调组织也是需要着重考虑的因素。因此对于景观建筑，对布局有着更高的要求。

景观建筑布局一般采用集中式、分布式和混合式三种形式，不同的形式对应一定的气候条件。集中式的布局一般用于寒冷的地区，以减少与周围环境的热交换；分布式布局一般适用于炎热地区，采用分散的平面形态有利于散热和通风。在具体的景观建筑设计中，布局的选择除了需要对区域的气候条件做出回应以外，还需要针对场地的微气候做应答式设计。

2. 营造生态型外部空间

建筑外部空间环境处于人工环境与自然环境的中间状态，是从自然环境中限定的有秩序的人造环境，是比自然空间更有意义的空间。营造生态型景观建筑外部空间环境，是对场地气候适应与调节的有效方式，良好的外部空间进而影响建筑内部空间，创造出宜人宜居的景观建筑室内外环境。

因此在景观建筑设计时，需要结合周边的自然和人工环境状况，优化设计建筑的外部空间。使用生态的设计手法，综合考虑气候因素，对建筑外形、建筑外部肌理和建筑灰空间进行优化处理。

赤水竹海国家森林公园位于中国贵州省赤水市，这里因“竹海”风光而闻名。西线工作室在处理公园入口建筑环境时，利用竹材所形成的无数线条将建筑围合，弱化了建筑的边界，让其隐藏在密集的竹海中。

在建筑物下部有意形成池塘水面，使用早晨、黄昏、降雨、冬季等时间段水面上下的温差，提高空气湿度，形成云雾缭绕的现象，在一定程度上减少环境温差的变化。建筑和周围自然的竹子诗意地融合在一起。设计师通过对外部气候条件的蓄意控制，产生出不确定性与生态性共存的状态。建筑便是充分理解竹海空间特征并有效地操控自然气候因子所产生的结果,制造出一种具有特殊质感的公园入口。

3.采用被动式的建筑本体设计

建筑外部空间的微气候受建筑的选址、布局、外部空间环境影响,当确定这三方面后,也就大致确定了建筑外部空间的微气候。由于建筑外部气候不可避免受到外部不利自然天气的影响,天气状况的无常让其无法处于一个稳定的状态。所以还应当以建筑本体的设计为出发点,采用被动式设计,在建筑空间组合、建筑构造和建筑选材上进行优化调整,利用外部有利的气候,屏蔽不利的气候对建筑内部环境产生的影响,从而营造良好的室内气候环境。这就是所谓的“俗则屏之,佳则收之”。在人类发展的最初阶段,人们就开始使用最原始的被动式设计为自己建造庇护所,对建筑进行合理组织,选取适当的建筑造型和建筑构造。世界各地的居民因为其所生活的环境气候不同,创造出适应不同气候的建筑形式,表现出特有的地域特色,获得良好的室内小气候环境。

景观建筑被动式设计需要考虑两个层面的因素。其一是如何屏蔽外部不利的气候条件对室内空间环境的影响,如对于夏季的太阳辐射和冬季的寒风,应该采取遮挡和屏蔽的措施;其二是利用外部自然条件被动地调节室内小气候环境,让建筑内部和外部形成一个良性循环系统,在室内创造良好的人居环境,满足人们对于舒适性的需求。同时在建筑全寿命周期内,减少使用现代机械设备来调节室内空间环境,降低建筑使用过程中的能源消耗,实现可持续发展。

(二)与地景相融——创造和利用地方环境

著名建筑师长谷川逸子曾说:“建筑不应该被视为一种人工化的产物,它本身就是另一种形态的自然。”而景观建筑就是其所谓的另一种形态的自然,其形态不再是独立于大地的几何体,而是将建筑和大地景观视作一个整体,通过对大地景观的介入、整合等,使建筑展现出水平延展的大地形态特征,达到建筑融于大地景观的目的。

1.消隐体量

景观建筑的一个重要目标是寻找自然与人工共存的平衡点，缩小建筑的尺寸，将其隐藏在环境中，这无疑对实现平衡有着积极的意义。以往具体表现为覆土建筑、掩土建筑等。这些类型只是为了掩盖建筑的存在而在形式上进行操作。下面具体分析两种消隐体量的策略。

(1)楔入地表

将建筑体量通过楔入的方式埋入地下既显露了建筑的存在，同时消隐了体量。

(2)掀起地表

掀起地表则是将大地的表皮掀开重构之后成为新的地表，建筑上方的新地表和原有环境的基质相同，建筑则位于掀起地表的下方，隐藏于环境之中。

2.连续界面

所有的新建筑都要面对现有的环境。造景建筑往往采用“整合”的方法、连续的建筑和环境界面。其具体表现是形成缓冲边界，将环境基础自然地过渡到建筑中，或将建筑内部的流线编成环境网络，达到界面连续的目的。

(1)缓冲边界

景观建筑和环境的关系不应当是相互对立的，通过缓冲建筑的边界，使得建筑和环境的界面柔化，其过渡变得更加自然。

里斯本塔霍河边艺术、建筑和科技博物馆位于里斯本历史最为悠久的滨水区域之一。如何以一个优雅的姿态融入历史悠久的美景中是建筑师着重考虑的因素。整体建筑将结构融入了地形之中，通过缓冲边界，酝酿出新的公共空间。游客可以在其中漫步，或者穿过建筑，也可以顺势走到屋顶上方，欣赏塔霍河美景。

(2)空间渗透

景观建筑不仅要使建筑物屋顶与周围地面之间有关联，还要弱化建筑物产生的区域，使室内外空间相互渗透，内部空间相互连接，将建筑物内部的流线融入周围的自然环境，从而消除边界，使环境与界面连续，这一点非常重要。

3. 营造景观

景观建筑位于景观良好的地区，不仅要考虑隐匿体积和连续界面，还要考虑景观建筑与周边景观的关系。景观建筑在设计时要考虑建筑景观的营造，可以通过拟态、折叠的方法营造建筑景观。

（1）拟态

每一座建筑都处于独特的环境之中，景观建筑亦可以通过模拟周围环境，将场地进行人工化重塑，从而融入周围环境。

（2）折叠

景观建筑以楼板、楼梯、屋顶等为要素进行“折叠”，形成有连续折叠痕迹的面。这不仅是垂直方向的体量，也是景观建筑使用者行为活动的平台。建筑和周边环境没有明确分离，存在模糊性，因此建筑和周边环境相协调。

三、与地方资源互动——丰富及整合地方材料

每个地区会有其特有的地方材料，不同的建筑材料拥有其独特的材料特性。基于在地性的景观建筑设计需要丰富及整合地方材料来进行设计建造，这是一个建筑与地方资源互动的过程，也是对自然环境应答的一种方式。

（一）沿用当地材料

景观建筑在选择材料时，由于受客观条件限制，地域性材料会是第一选择。在营造景观建筑地域特色时，就地取材是重要的实现途径。地域性材料是当地自然环境中的一部分，将会完美地融于当地环境中。使用地方材料也表现出顺应自然和尊重自然的思想，让建筑介入自然环境产生最小的影响，对于自然环境的改变也降到最小。采用当地的材料，亦可以省去昂贵的材料运输费用，从而避免资源浪费。

地域性建筑材料的选择不仅局限于物质层面，还应该提升到精神层面上。因为地域性建筑材料承载着人们日常生活的情感记忆，是地

域文化的象征。经过长时期的发展,一个区域的人们在建筑材料的审美上有着相似的理解,建筑材料的质地、肌理和色彩深深存在于他们的脑海中,这是一种经历漫长时期而形成的精神审美标准。选用地方材料能够保证地方历史文化的延续,其所具有的地域特色,形成的景观特征能够引起人们的共鸣和认同感,增加景观建筑的可识别性,它是营造人们心中归属感的物质基础。

在印度北安恰尔邦,一座小型酒店位于阿尔莫拉镇附近的一个小村庄,海拔约1600米。该区域景色迷人,有山川、峡谷、森林和美丽的湖泊。这片土地的独特之处在于,它可以毫无遮挡地看到下方山谷和300公里外喜马拉雅山脉在印度境内的壮丽景色。

该建筑大量使用了当地的材料,地面客房是用附近采石场采集的石头建造的,楼上客房是用煤灰砖砌墙,然后用竹片包裹起来,显出一种轻盈感。餐厅的外部立面都以竹子捆绑的形式进行立面装饰,缓解了庞大的铁结构物对视觉的冲击,在突出迷人的自然景观的同时,向当地的材料、传统和文化致敬。

(二)新旧材料结合

随着现代建筑技术的发展,各种新型建筑材料被运用到建筑中去。在地景观建筑设计不再局限于运用传统建筑材料来表达建筑的地方特性,而是可以通过并置现代建筑材料,使其与传统材料结合让建筑设计呈现出多样性。

1.“透明的虚相”——玻璃材料的介入

玻璃是景观建筑在地设计中常用的现代材料。玻璃并不会像实墙阻挡人的视线,其具有的透明性让其实体存在感显得微弱。它可以对内外空间进行分隔,也可以将内外空间环境联系在一起,让人、建筑和自然融为一体。

插头崖游客中心位于秦岭国家植物园川渝河谷,距离西安70公里,是植物园深度体验区的入口。由于原以游客为中心的建筑功能和形象无法满足植物园的位置和要求,土木石建筑利用当地材料,将黄土重新变成墙，砌瓦造景。同时，还插入了现代材料玻璃，制作了透明的玻璃幕墙，使立面看起来明亮透明。同时使用新旧材料，在离散及对比、设计概念上加强了山水聚落的构思。

2."变幻的魅力"——钢材料的多样介入

钢材料也是现代景观建筑中常用的材料。钢结构体系相比来说自重比较轻，并且具有很强的可塑性，很大程度上扩展了建筑师的思维，在造型的追求上有了更大的发挥空间。钢材料的景观建筑在不同的环境中根据需要可以表现出不同的景观美，并给人一种轻盈婉转的感受。

第四节 以"时"为伴——景观建筑在地文化感知

时间的流逝孕育出地方的文化。文化环境不同于行为环境及自然环境，它无法脱离地方的历史而单独存在，是由历史文脉、经济形态、民俗信仰等组合而成的复杂综合体。

一、文化因素对在地设计的影响

文化因素又称文化特质或文化元素，作为一种时段因素贯穿于地区发展的全过程。它处于一种动态的积累延续状态，随着时间积累，逐渐丰富内涵。不同的地区受自身因素影响，积累方式和发展速度不同，因此会产生差异，这也构成了在地文化的独特性和时代性。这种由文化因素产生的差异，成为在地设计的重要考虑因素。

(一)历史文脉

历史文脉是城市诞生之日开始在城市演进过程中形成的生活方式和城市不同阶段留下的历史印记，是特定地域和历史条件下人类生活的记录。其作为城市特质的重要构成部分，为人们认识地方的过去提供依据。

历史文脉作为人们思想文化、形态观念的总体表征，产生于人类社会历史实践，蕴含了大量人类活动行为思想方面的内容。它的本质是对人类生存的写照，反映出民族、地区乃至一个国家民众所共享、传承、创造的生活习惯以及风俗，表达当地人们的文化特色。建筑作为人类社会的重要物质部分，是人类生活方式的外在体现。随着人类社会的发展，建筑与社会文化相互影响、相互制约，逐渐完成了同构。景观建筑作为建筑中的一个分支，其形式伴随着人类文化的变化而革新。

建筑与地区历史文脉的内在联系促进了地区建筑的发展，并使建筑具有了深层次的文化属性。景观建筑更是如此，其形象符号的特征属性受民俗文化的影响深远。景观建筑作为地域建筑中重要的组成部分，其形成和发展必定是建立在对地域文化民俗的理解和对人们生活方式的了解的基础上。景观建筑设计并不是为了获得一个冰冷的实体结果，因为单纯的实体对人并无意义，只有在设计过程中搜寻建筑的地域文化内涵，并用合理的建筑语言进行转译，让这些传统习俗与精神文化在建筑类型、建筑形式、建筑空间形态及装饰中得到体现，这样所得来的建筑才是有温度的，才更容易被人解读。人们更容易在这样的建筑中找到方向感和归属感。

（二）经济形态

景观建筑的设计建造作为一种物质生产活动，发展必然受到当地经济形态的制约。经济形态包括经济形式和经济发展水平，是一个地区存在和发展状况的表征。每个地区不同的经济形态为当地的景观建筑发展提供了限制及可能。

首先，经济形态影响着人的行为消费等日常生活方式。现阶段我国文化经济快速发展，文化消费成为热点。各个地区都受到新时期各种文化的冲击，这就意味着在新时期景观建筑的实践中，不仅要体现对当地原有文化的尊重，还应选择性地吸收新时期的文化特点，将新旧文化合理地融入场地设计语言中。其次，经济的发展必然对景观建筑提出新的需求，这些需求推动着技术的革新，新技术的出现又反过来丰富了景观建筑的表现方式。再次，经济水平限定了景观建筑的材料选取范围。出于节约成本的考虑,就地取材,运用地方材料被大力推广。这种限制无疑为在地实践设计师们提供了更多的发挥机会。

(三)民俗信仰

民俗信仰是人们在长期的生产活动中形成的观念形态,与人们的生产生活息息相关。作为一种民间自发产生的文化因素,它是人们长期观念形态的具体化,在生活中具体的体现就是一些仪式或象征。这些仪式和象征的存在就提出了对场所的需求,从而影响着景观建筑的发展。

自古以来我国的传统建筑就受到民俗信仰的广泛影响,不管是在古代的皇家建筑或是民间建筑,都体现着人们对民俗信仰的需求。大到建筑的整体布局,小到建筑的装饰色彩,无不体现着人们观念形态上的需要。景观建筑具有极强的人文属性,比如古代经常有在人们目之所及的地方设置宝塔,来改善村庄的整体风水的做法,或通过设置亭台来改善自然风景的做法等,这些做法更多体现的是人们的一种精神寄托。[①]

二、对文化环境的关联性设计

"文化环境"是文化因素作用于不同地区所呈现出的不同景象,具有深刻的内涵。"关联",是对文化环境的联系和关照,表达出景观建筑在地设计对地域文脉差异的尊重态度与密切联系,使居于其间的人们感受到强大的精神力量。

对文化环境的关联性设计表明了在地设计对"时"的关注,是在地设计遵循的关键要素。

(一)历史遗存的保留

历史遗存是一个地区经历时间的积淀所留下的宝贵遗产。不仅因为其不可再生性,更因为当旧物以新的合适形式被赋予新生命时,它会成为该场所的独特标志,凸显该地区的唯一性。

---

①张标. 鉴于地域性视觉符号的文化建筑设计研究[D]. 杭州:浙江理工大学,2015.

对历史遗存的保留和记忆的延续是在地设计所要考虑的关键因素，同时也是景观建筑在地设计追寻的理想之一。景观建筑在地设计不仅要体现出对历史和记忆的呵护与融合，还要通过各种不同方式凸显历史痕迹的原真性。例如通过微小设计的介入让人们可以回归到特定情境空间，感受过去的时空。

另外，景观建筑在地设计还需要整合历史和现实的关系，这是景观建筑在地设计的重点与难点。历史和现实的矛盾给景观在地设计留下发挥作用的空间。赋予旧的遗迹新的生命内涵，选择适当的建筑形式呈现于特定的景观文脉中，让人们可以参与进历史与未来的多元体验之中，使景观建筑不断演变出新的生命内涵，不断给场所增添新的意义。当地方文化历史有了延续性，人在其中找到了认同感，空间也具有了新的生命和意义，同时实现了人与“时”的对话。

（二）场地事件的介入

场地事件主要是指发生在特定地区的突发事件，发生在短期内，对现场特性产生决定性影响，包括自然灾害和人员伤亡。因为会给人们带来很大的冲击或伤害，因此在景观建筑设计中，将场地事件的发生最终状态进行保留或抽象表达，是一种记忆强化的方式。

案例选取汶川特大地震纪念馆，由上海同济大学建筑设计研究院蔡永洁教授设计。纪念馆占地14.23万平方米，建筑面积14280平方米。主体建筑名为“裂缝”，寓意“将灾难时刻闪电般定格在大地之间，留给后人永恒的记忆”。

设计将建筑形态和自然环境有机地融合在一起。建筑整体形状低矮，地形和谐，与高耸的青山融为一体，不仅可以减少对山地形态的破坏，还体现了土地的脉络。整体造型以大地景观呈现，切割并抬起地面，形成主体建筑。然后通过下沉的广场和人行道向外延伸，与平缓的草皮坡相融合，部分参差不齐地露出地面，介入场所的事件记忆，意味着场所的新生活和希望。

通过建立色彩关系与视觉标志物营建在地性空间特色。选取一个公共广场和一座小型塔作为场地的入口标志。色彩上，钢材的红色和地形葱郁的绿色形成了对场地事件的视觉记忆。

综上，纪念馆以场地现状作为媒介，实现人的群体情感共鸣。突出事件重点，将事件结果进行强化表达，在感知层面上将人们的情感与场地环境紧密相连，激发场所感，营造场所精神。

（三）记忆空间的重构

空间的营造依然是景观建筑设计的核心主题。当地的历史建筑空间构成体现了当地文化。历史文化通过在地需求传承，成为连接历史与未来的空间媒介。在尊重当地生活习惯和周围建筑的基础上，对在地发展需要的历史文化传统空间进行组合重构，是现代景观建筑“此时此地”的体现。同时，也是在当下基地之上在地建筑生长的“此时”表现。

世界上很多建筑师也是在这种“过去”中寻找可以转化为当下空间的参照。

用现代建筑技术来演绎传统空间的建筑在地性表达的典型案例是位于吉隆坡市中心位置的一个古老优美的湖滨公园。设计采用竹材料制作的一个公共凉亭，在当地人和游客的心中是一个极具吸引力的场所。凉亭位于一座湖中岛上，整个亭子贯穿于公园的中央。

亭子沿湖边而建，这里是一个开放的区域，其地面是各种高度不同的正方形平台。亭子的结构源自对当地传统的乡间小屋结构的重构。以前在农村或乡下经常能看到这种结构的小屋，它们本质上是独立的遮风挡雨之所，农村里每个人都能随时在里面休息。

值得注意的是，设计师在此采用由一系列小屋单元组合的形式形成亭子的竹子结构，创造一系列模糊的空间，制造了多种使用的可能性，与植物园里其他景观浑然一体，在地性凸显。该案例运用现代建筑理念技术来演绎传统空间。在“过去”中寻找可以转译为当下空间的迹象或者参照，结合当下生活生产的需求，营造具有在地性质的代表性历史空间特征，并通过现代技术来重新表现。

（四）文化意向的模拟

建筑中的文化意向是人们对建筑空间表征感知和理解中所捕捉的地方特有文化表征。模拟地方文化意向是现代景观建筑在地设计呈现当地文化的一个重要设计手法。通过对当地文化意向的呈现，使人们可以从景观建筑所呈现的意向中捕捉并品读在地文化。

中国美术学院民俗艺术博物馆位于风景秀丽的山坡上。整个建筑是有斜线屋顶的一层建筑，材料使用瓦片，全部来自当地传统房屋，用不锈钢丝铆钉固定的瓦片构成外墙表皮，对控制室内光线起到了作用。建筑物的屋顶和外墙上使用的各种大小的瓦片，让人想起了建筑物和环境很好地融合在一起，连接村庄青砖的样子。

参考文献

REFERENCES

[1]成玉宁.现代景观设计理论与方法[M].南京:东南大学出版社,2010.

[2]程大锦,刘丛红.建筑:形式、空间和秩序(第三版)[M].天津:天津大学出版社,2008.

[3]范昭平.现代景观建筑设计理论教学探析——评《现代景观建筑设计》[J].新闻与写作,2018(01):113.

[4]顾大庆,柏庭卫.空间、建构与设计[M].北京:中国建筑工业出版社,2011.

[5]梁潇文.现代景观小品建筑细部设计新探[D].西安:西安建筑科技大学,2010.

[6]林玉莲,胡正凡.环境心理学[M].北京:中国建筑工业出版社,2006.

[7]邵甬.法国建筑[M].上海:同济大学出版社,2010.

[8]田学哲,郭逊.建筑初步(第三版)[M].北京:中国建筑工业出版社,2010.

[9]王枫.关于生态环境观念的研究[D].哈尔滨:哈尔滨工业大学,2006.

[10]王珂.浅谈环境雕塑的空间营造[J].美与时代,2018(06):68-70.

[11]王睿.现代景观建筑设计教育教学的发展——评《现代景观建

筑设计》[J].教育发展研究,2016,36(19):88.

[12]王润泽.现代公共建筑中公共空间的人性化设计思考与实践[D].苏州:苏州大学,2016.

[13]肖阅锋.乡村建筑实践中的“在地”设计策略研究[D].重庆:重庆大学,2016.

[14]徐静梅.园林建筑小品在园林中的应用分析[J].现代园艺,2018(18):124.

[15]许卫国.当代建筑与环境的共融[J].建筑与文化,2018(11):15-17.

[16]俞骏.整体性视角下建筑与景观空间整合研究[D].天津:天津大学,2016.

[17]张标.鉴于地域性视觉符号的文化建筑设计研究[D].杭州:浙江理工大学,2015.

[18]张绮曼,诸迪,黄建成.中国环境设计年鉴(2010)[M].武汉:华中科技大学出版社,2010.

[19]赵晶.视觉艺术视野下的景观设计方法研究[D].天津:天津大学,2016.

[20]郑旭航.现代景观建筑观景设计研究[D].北京:清华大学,2014.

[21]郑阳,郑明.景观艺术设计[M].济南:山东大学出版社,2011.

[22]曾伊凡.在地建造——当代建筑师的乡村建筑实践研究[D].杭州:浙江大学,2016.